碳中和原来是这样！

热出来的文明

孙倩倩 李宁 李怡 陈聘 著

陈聘 绘

天地出版社 | TIANDI PRESS

图书在版编目（CIP）数据

热出来的文明 / 孙倩倩等著；陈聃绘. —成都：
天地出版社, 2023.1（2024.6重印）

（碳中和原来是这样！）
ISBN 978-7-5455-7301-5

Ⅰ.①热… Ⅱ.①孙… ②陈… Ⅲ.①气候变化- 影
响- 产业革命- 世界- 儿童读物 Ⅳ.①P467-49
②F419-49

中国版本图书馆CIP数据核字（2022）第210320号

RE CHULAI DE WENMING

热出来的文明

出 品 人	杨 政
著 者	孙倩倩 李 宁 李 怡 陈 聃
绘 者	陈 聃
总 策 划	陈 德
特约策划	张国辰 孙 倩
责任编辑	王 倩 刘静静
特约编辑	冉卓异
美术编辑	苏 玥 周才琳
科学顾问	刘晓曼
营销编辑	魏 武
责任印制	刘 元

出版发行	天地出版社
	（成都市锦江区三色路238号 邮政编码：610023）
	（北京市方庄芳群园3区3号 邮政编码：100078）
网 址	http://www.tiandiph.com
电子邮箱	tianditg@163.com
经 销	新华文轩出版传媒股份有限公司

印 刷	河北尚唐印刷包装有限公司
版 次	2023年1月第1版
印 次	2024年6月第3次印刷
开 本	710mm×1000mm 1/16
印 张	5.25
字 数	62千字
定 价	30.00元
书 号	ISBN 978-7-5455-7301-5

人物介绍

儿子

对什么事都喜欢问一句"为什么"的小学五年级学生。为了了解二氧化碳对地球的影响，与爸爸一起穿越到过去，探索二氧化碳的过往。

爸爸

脑袋里装满知识的气候学家。使用时空胶囊，带领儿子穿越到地球历史上的各个时期。

二氧化碳

对地球气候有着重要影响的气体，在地球形成后不久就存在于地球上了。在大气中的浓度起起伏伏，使地球的气候也时冷时暖。近年来由于人类活动，大气中的二氧化碳变得越来越多，导致地球出现严重的环境问题。

目录

开篇

某天晚上……

宇宙"明星"——地球，

遭到疯狂粉丝**二氧化碳**的热情围堵。

地球不堪其扰，
出现了严重的健康问题，
地球上**极端天气**频繁发生。

人类成立专家小组，
决定对二氧化碳进行深入研究，找到治疗地球的方法。

在第一次圆桌会议中，各界专家争论不休。

地质学家

二氧化碳的重要构成元素是碳。**碳可是个好东西。**且不说它组成了人类生活的必需品——**煤炭**，单单是它能产生钻石这一点，就让人欲罢不能。

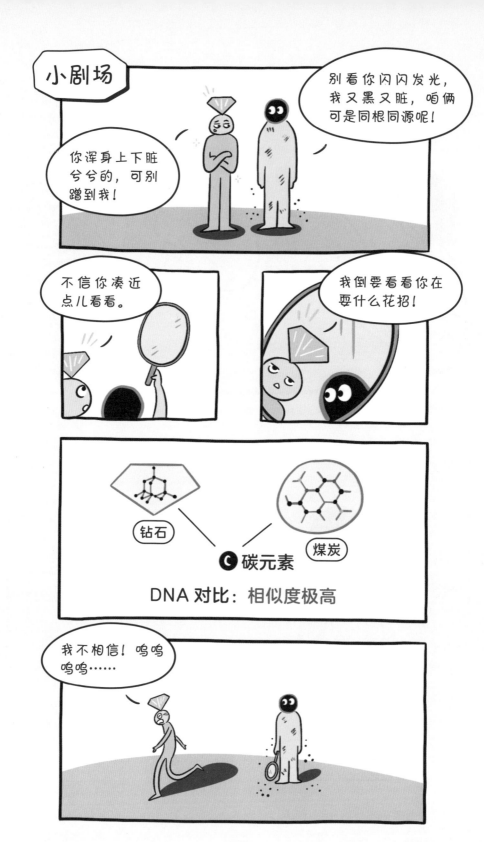

我们的生活离不开煤炭，可煤炭燃烧后产生的**二氧化碳**会让地球变得越来越热！

气候学家 A

气候学家 B

话也不能说得太绝对。二氧化碳就像一床被子，太厚呢，地球容易捂出病；太薄呢，地球又冻得慌。适量的二氧化碳能让地球保持适宜人类居住的温度。

气候学家 A

所以说啊，水能载舟，亦能覆舟。二氧化碳既能保护地球，也能毁掉地球。

从古至今，人类经历了那么多朝代的兴衰更替，战争都没把我们打垮，区区一个二氧化碳就能打败我们？不要大惊小怪。

历史学家

爸爸，听他们说来说去，我都糊涂了。二氧化碳到底是好还是坏呀？

这是一个非常复杂的问题。二氧化碳的确很重要，对人类有利也有弊。我们需要搞清楚它的来龙去脉，才能找到合理利用它的方法。

说得再多，也不如咱们一起去实地了解它的过往。说走就走吧！

爸爸，你给我讲一讲嘛！

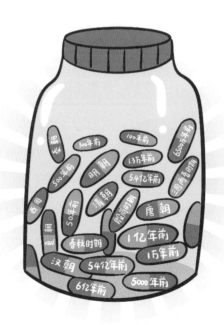

这是一罐"时间胶囊"，吃下相应时间的胶囊，我们就能穿越到对应的历史时期。

给！

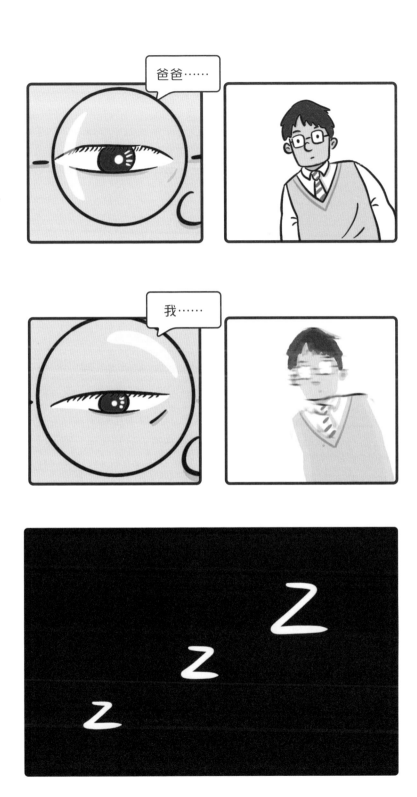

① 二氧化碳是一种温室气体，它的作用就像我们种植蔬菜、水果时使用的温室大棚。阳光可以透过它照射到地面，但地面散发的热量却会被它阻挡，于是地面温度越来越高，这种作用被称为温室效应。

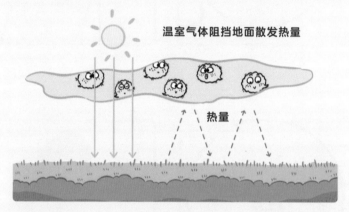

温室气体阻挡地面散发热量

热量

② 既然二氧化碳是一种温室气体，那么当大气中二氧化碳增多时，地球表面的温度就会上升。这个时候，更多的水分从海洋、湖泊、河流中蒸发，变成水汽进入大气中。全球变暖在不同地区会产生不同的影响：

● 在干旱地区，地表原本就不多的水分，会以更快的速度蒸发掉。由于这里缺少形成降水的条件，因而更容易发生旱灾。

● 在多雨的湿润地区，空气中的水汽增多，使这些地区在更短时间内形成更多降水，暴雨、暴雪等极端天气频繁发生，从而导致洪涝灾害。大致可以说，全球气候变暖使干旱的地方更加干旱，使多雨的地方雨水更加泛滥。

③ 全球气候变暖会产生一系列的影响，比如：

● 极端天气增多，自然灾害频发，从而影响动植物生长和粮食产量，一些对气候敏感的物种将逐渐走向消亡。

● 气温持续升高会使极地冰盖大面积融化，海平面上升，一些沿海地区将不再适合人类生存。

● 极地冰盖下封冻着的远古病毒，有可能随着冰盖的消融而重新复活，对人类和动植物的生命造成威胁。

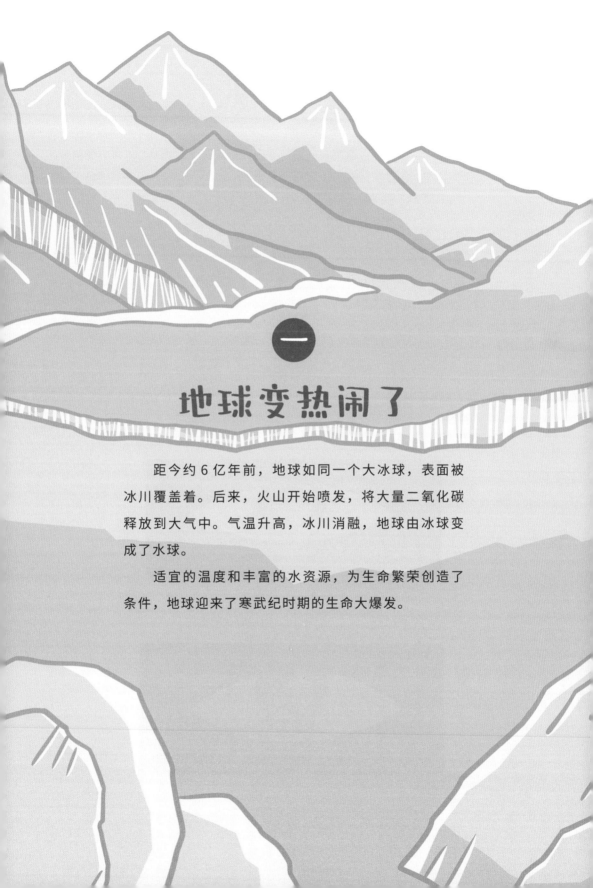

一

地球变热闹了

距今约 6 亿年前，地球如同一个大冰球，表面被冰川覆盖着。后来，火山开始喷发，将大量二氧化碳释放到大气中。气温升高，冰川消融，地球由冰球变成了水球。

适宜的温度和丰富的水资源，为生命繁荣创造了条件，地球迎来了寒武纪时期的生命大爆发。

地球是个大冰球

你终于醒啦!

那二氧化碳呢？它不是地球的棉被吗？难道是假货？这时的生命不会投诉它吗？

这时候只有极少的简单生命呢。

这个时期，能进行光合作用的是一种叫作**蓝细菌**的单细胞生物，
它们吸收二氧化碳，释放氧气。
但这时能产生二氧化碳的生命很少，
仅有的二氧化碳又被蓝细菌给吸收了。

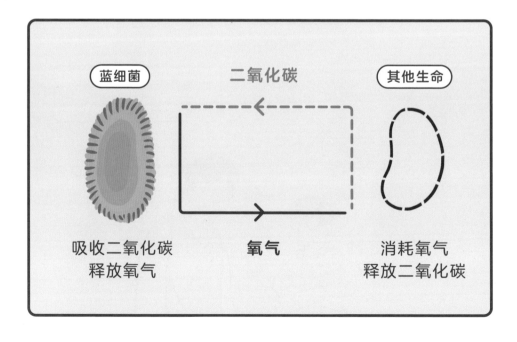

蓝细菌	二氧化碳	其他生命
吸收二氧化碳 释放氧气	氧气	消耗氧气 释放二氧化碳

没有二氧化碳的保护，
地球就变成一个大冰球了。

而且这时的生命都很弱小，大多藏身于冰川下的深海热泉边。
跟它们比，地球可就惨多了。

寒武纪生命大爆发

距今约 5.4 亿年前

这个时期火山爆发频繁，封存在地下的二氧化碳被带到空气中。

地球温度因此升高，冰面融化，
许多珍贵的生命从深深的海底来到水面上。
水和这些单细胞生物经过漫长时间的"共同生活"，
诞生了形形色色的生物"后代"。

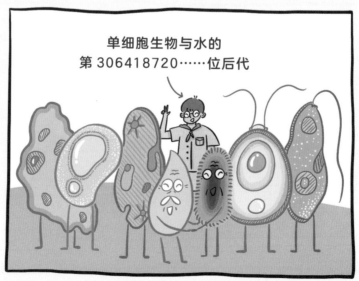

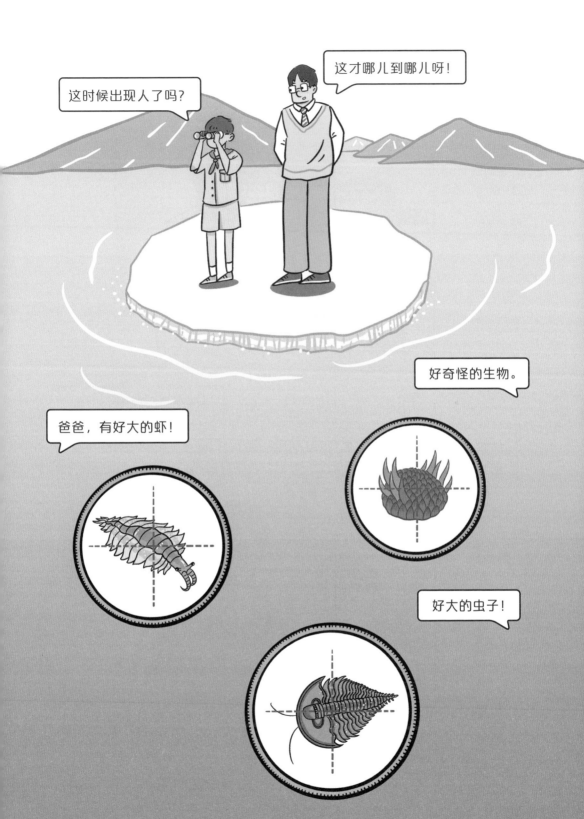

那只差不多 2 米长的大虾叫奇虾，那只大约 70 厘米长的甲虫叫三叶虫，那只长得很奇怪的生物叫威瓦西亚虫。这个时期还有很多长得奇形怪状的生物。

看来二氧化碳功不可没啊！既然可以消耗氧气的生命出现了，是不是意味着氧气要被消耗光了？

氧气会有损耗，但总体而言，生命大爆发后，地球大气中的二氧化碳和氧气处在平衡状态。

① 6 亿年前，地球的平均气温极低，连热带地区的气温也低至零下 50°C，海洋被冰封在 1000 米深的冰川下。

② 这个时期，冰川的形成过程就像是滚雪球。起初，地球上只有一部分地区被冰川覆盖。太阳照射到这些雪白的冰川上，绝大部分阳光被反射回宇宙，导致地球的温度进一步降低。于是，更多的冰川形成了。如此循环往复，最终冰川覆盖了整个地球。

③ 在地球的地幔中，封存着大量的碳元素，它们会随着火山喷发以二氧化碳的形式进入大气中。在人类诞生以前，火山喷发是导致大气中二氧化碳增多的最主要原因。一次火山爆发可以在数小时内，将数百万吨二氧化碳排放到大气中。

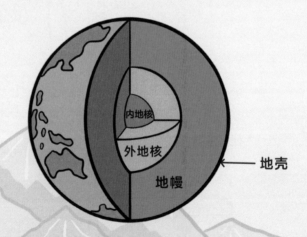

内地核

外地核

地壳

地幔

④ 5.4 亿年前，地球生命大爆发，出现了大量吸入氧气、呼出二氧化碳的生物。后来，植物登上陆地，逐渐布满地表。它们通过光合作用吸收二氧化碳、释放氧气。就这样，氧气和二氧化碳在自然界中形成循环，二者在大气中的浓度逐渐平衡。

二

地球曾经的王者

距今约 1 亿年前，地球处于极热气候时期，恐龙是当时的地球霸主。但到了白垩纪晚期，地球温度迅速下降，气温和环境发生剧变，恐龙开始走向灭绝。根据恐龙灭绝假说"小行星撞击说"，大约 6600 万年前，一颗小行星撞击地球，对地球的生态造成严重破坏，彻底结束了恐龙的时代。

嗜热的恐龙

距今约 1 亿年前

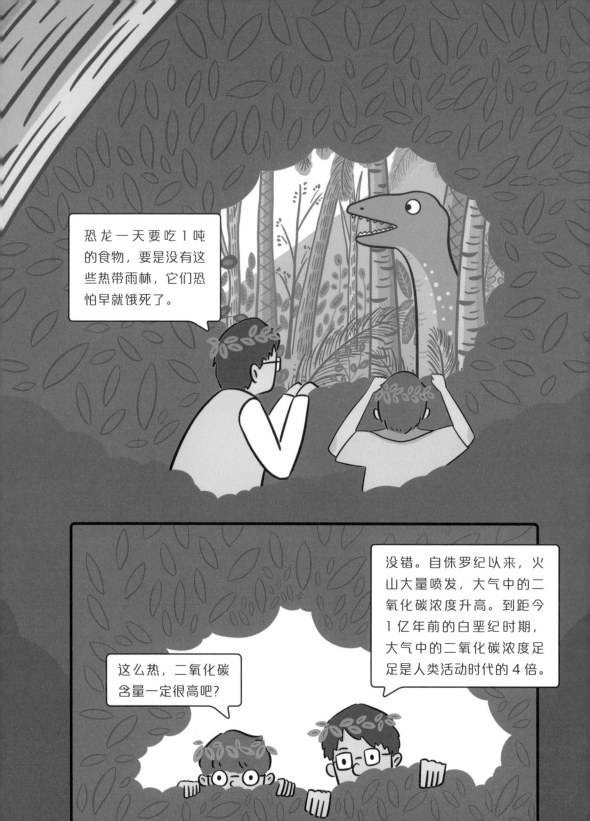

所以，这时候发生了很严重的温室效应，
地球上的温度非常高。

啊！那恐龙不就挨饿了吗？

恐龙可比你想的聪明多了！在白垩纪晚期，大型的植食性恐龙减少，体型相对较小的肉食性恐龙明显增多，比如你很熟悉的霸王龙。

小剧场

唉，又一个因为吃素而被饿死的。

阿拉摩龙

霸王龙

随着全球变冷，食物链遭到破坏，恐龙逐渐走向灭亡。
但有科学家猜想，真正给恐龙致命一击的，
是一颗飞速撞向地球的小行星。

有矿啦

根据科学家的推测，死去的动植物会逐渐被埋在地下，千百万年后，这些富含碳的动植物会在压力等作用下，变成**煤炭和石油**。这两种燃料在人类社会用途广泛。

都说一寸光阴一寸金，我们可是在成千上万的光阴中形成的呢！

对，我们是无价之宝！

小剧场

煤炭的年纪 = 你爷爷的年纪 + 你爷爷的爷爷的年纪
+ 你爷爷的爷爷的爷爷的年纪 +……

世界最老
寿星公

① 侏罗纪至白垩纪中期，地球大气中的二氧化碳含量高，气候高温多雨，雨林遍布，适宜恐龙等大型动物生存，恐龙就此成为一代霸主，统治地球长达1亿多年。同时，植物疯狂繁殖，它们通过光合作用吸收大量二氧化碳，使大气中的二氧化碳浓度越来越低。

② 到了白垩纪晚期，大气中的二氧化碳浓度降低到了一定程度，那些已经适应了高浓度二氧化碳环境的植物开始大面积枯萎。由于缺少食物，植食性恐龙逐渐死去，进而引发肉食性恐龙的大饥荒和大灭绝。

③ 根据"小行星撞击说"这一恐龙灭绝假说，在白垩纪末期，一颗小行星撞击地球，严重破坏了地球环境，导致恐龙彻底灭绝。

侏罗纪至白垩纪中期
二氧化碳浓度高

白垩纪晚期
二氧化碳浓度降低

白垩纪末期
恐龙彻底灭绝

④ 远古时期的植物被埋在地下，经过一系列复杂的变化形成了煤。随着时间推移，植物先演变为泥炭，再变为褐煤，最后变为烟煤和无烟煤。烟煤和无烟煤杂质最少，是优质的煤炭能源。地球上的煤主要形成于三个时期：

● 大约 3.5 亿 ~2.5 亿年前的石炭纪和二叠纪。当时，地球大气中氧气含量很高，陆地上到处都是高大的蕨类植物。这一时期的植物后来演变为深厚的煤层，形成的主要煤种为烟煤和无烟煤。

● 大约 2 亿 ~6600 万年前的侏罗纪和白垩纪。这一时期，地球气候高温多雨，植物遍布地表。到目前，这些植物形成的主要煤种为褐煤和烟煤。

● 大约 6600 万 ~260 万年前的古近纪和新近纪。由于这一时期离现代较近，植物演变为煤经历的时间最短，所以形成的主要煤种为褐煤，其次为泥炭。

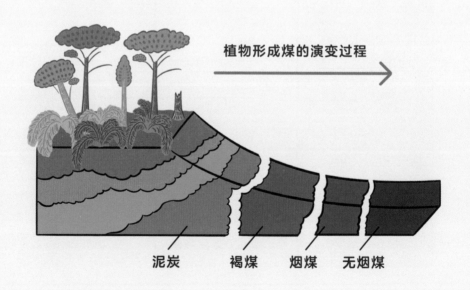

植物形成煤的演变过程 →

泥炭　　褐煤　　烟煤　　无烟煤

三

适者生存

距今约 11 万 ~1.1 万年前为末次冰期，在末次冰期晚期地球气候逐渐回暖。但是，在回暖过程中，气候却突然转冷，这个时期史称新仙女木时期。在这期间，猛犸象等大型动物灭亡。

曾经的过客

距今约 1.3 万年前

这个时期气候适宜，食物丰富，即使是大型动物，也可以生活得很滋润。但猛犸象的好日子也不长久，再过 1000 年，又是另外一番景象了。

另外一番景象？你快带我去看看呀！

猛犸象的消失

距今约 1.2 万年前

冻死我了！天气一下子变得这么冷，猛犸象们挨得过去吗？

在这个时期，地球气温迅速下降，足足持续了上千年。猛犸象等大型动物急剧减少。我们把这个时期叫作新仙女木时期。

科学家在欧洲这一时期的沉积层中，发现了仙女木的残骸，
所以把这个时期称作新仙女木时期。

跟猛犸象一起消亡的，
还有它的宿敌——克洛维斯人。

大自然真是残酷呀！

是啊，不过变动中也蕴藏着机遇。我们的祖先智人为了适应变冷的气候，度过食物匮乏的冬季，开始收集耐储存的食物，渐渐地学会了种植谷物。人类农业文明的萌芽就这样被"冷"出来了。

小剧场

老婆，我去狩猎了，你照顾好孩子。

早点儿回来！

1 以距今 46 亿年前为界限，这之后的地球历史时期被称为地球的地质时期。在这么长的时间里，地球的气候时而寒冷，时而温暖。我们把其中气候寒冷的时期称为冰期，把两个冰期之间气候相对温暖的时期称为间冰期。

总体而言，冰期持续的时间较短，而间冰期持续的时间较长，冰期大约只占整个地质时期的十分之一。

在寒冷的冰期，大气中二氧化碳浓度相对较低；而在温暖的间冰期，大气中二氧化碳浓度则相对较高。

2 智人是现代人的祖先。新仙女木时期，地球气温迅速下降，为了应对食物匮乏的严冬，智人学会了种植谷物和储存粮食。新仙女木时期之后，地球气候变暖，更加适宜农作物生长，促进了农业的发展。于是，智人不用再四处狩猎，人口因食物充足而迅速增长，村落逐渐形成。

3 仙女木是一种低矮的半灌木植物，有着白色的花瓣和金黄色的花蕊。仙女木非常耐寒，被人们当作寒冷气候的标志。至今，我们在亚洲、欧洲和北美的高山地带还可以看到它。

热出来的文明

　　距今约 6000 年前，地球处于全新世大暖期。温暖、湿润的气候有利于农业的发展，人口逐渐增长，人类文明开启了新的篇章。虽然这个时期的气候比现代更暖，但二氧化碳浓度增长缓慢，要远远低于现代的浓度值。

亚洲地区夏季风比较强，气候温暖，降水充沛，非常适合农耕。

在这一地区，人类文明的小火苗就此燃起。

小剧场

欧洲人耐不住热，纷纷往北迁移。

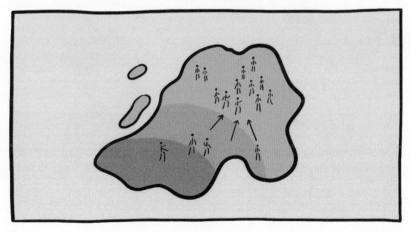

一言不合就占卜

不过，由于后来气候变冷，大象逐渐向南迁徙，
再加上人类活动不断侵占它们的地盘，大象的活动区域就越来越小了。

1 大暖期，指的是间冰期中气候最暖的阶段。这期间，气温较高，降水增多，北半球的植物向更北的地方生长。

离现代最近的大暖期是全新世大暖期，据推测，始于距今 1 万年至 7500 年，止于距今 5000 年至 2000 年，延续了大约 5000 年。在全新世大暖期，地球的平均温度比现代高出大约 2℃，冬季温度比现代高出 3℃~5℃。

2 商朝的统治地区在黄河中下游一带，这一带地势西高东低、河流众多，气候明显受季风影响：

● 夏季，温暖的风从海洋吹来，带来大量水汽，气候高温多雨。

● 冬季，冷风从干燥的内陆而来，气候寒冷少雨。

在季风的影响下，商朝的统治地区夏季降雨量特别多，且集中发生在每年的 6 月至 8 月，因此极易发生洪涝灾害。

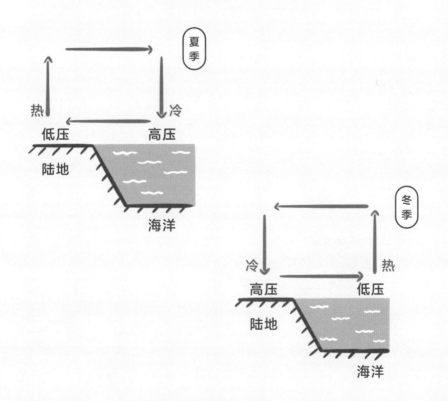

③ 夏商时期，人们已经开始从事农业耕作。天气对农耕的影响很大，人们需要根据天气情况，来安排各种耕作事宜。古代没有科学的观测仪器，但古人还是想出了一些预测天气的办法，例如：

● 用龟壳占卜。

● 观察天象。先秦时期的诗歌集《诗经》中说："上天同云，雨雪雰雰。"意思是下雪前，天空会布满阴云，浑然一色。这句诗就是古人长期观察天象总结出的经验。

● 弹琴听音。空气湿度的变化会导致琴弦发出的声音发生改变，如果琴弦音色变重，很可能就是要下雨了。

起伏不定的二氧化碳浓度

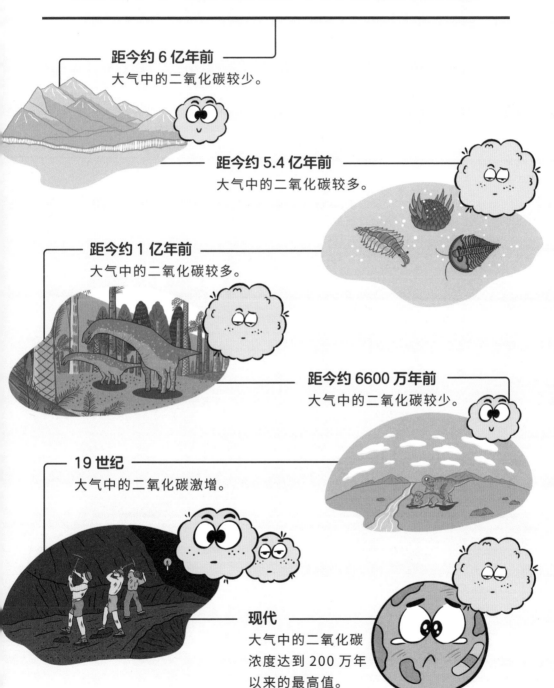

距今约 6 亿年前
大气中的二氧化碳较少。

距今约 5.4 亿年前
大气中的二氧化碳较多。

距今约 1 亿年前
大气中的二氧化碳较多。

距今约 6600 万年前
大气中的二氧化碳较少。

19 世纪
大气中的二氧化碳激增。

现代
大气中的二氧化碳
浓度达到 200 万年
以来的最高值。

碳中和 Q&A

Q 碳中和是什么?

A 就是通过植树造林、节能减排等方式,使碳排放量和碳吸收量相抵消,实现温室气体的"零排放"。

Q 碳排放指什么?

A 指以二氧化碳为主的温室气体的排放。温室气体还包括甲烷、一氧化二氮、卤代温室气体等。

Q 实现碳中和的手段有哪些?

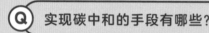

A 以减少源头排放为主,"碳吸收"为辅。减少源头排放主要是利用节能减排、发展新能源、碳交易市场等手段,大幅度降低能源、工业、交通、建筑等部门的碳排放量。"碳吸收"主要是利用负碳技术将不得不排放的碳吸收掉,可分为自然方式和人工技术方式。

Q 为什么要实现碳中和?

A 工业革命以来,人类大量利用化石能源,使大气中的二氧化碳激增,这导致了严重的温室效应。比起工业革命之前,地球现在的平均气温升高了大约1℃。高温、干旱、暴雨等极端天气发生频率升高,旱灾、洪灾、蝗灾等灾害频发。如果不加以控制,到21世纪末,全球将继续升温3℃~4℃。

2015年,联合国气候变化大会上通过了《巴黎气候变化协定》,其中提出目标,要在21世纪末将全球升温控制在与工业化前相比的1.5℃以内。而全球需要在2050年前后达到碳中和,才能实现该目标。

碳循环

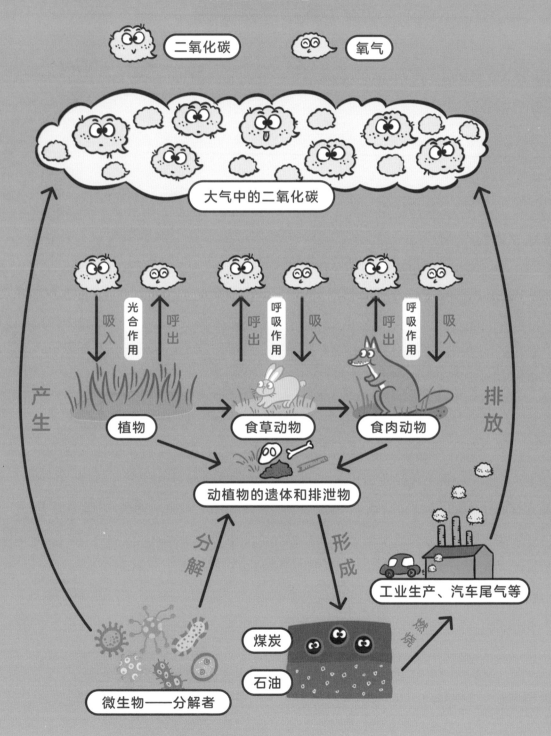

碳中和原来是这样！

"冷"引发的大乱子

孙倩倩 李宁 李怡 陈聃　著

陈聃　绘

天地出版社 | TIANDI PRESS

图书在版编目（CIP）数据

"冷"引发的大乱子 / 孙倩倩等著；陈聃绘. —
成都：天地出版社，2023.1（2024.6重印）
（碳中和原来是这样！）
ISBN 978-7-5455-7306-0

Ⅰ.①冷… Ⅱ.①孙… ②陈… Ⅲ.①气候变化- 关
系- 社会发展- 儿童读物 Ⅳ.①P467-49②K02-49

中国版本图书馆CIP数据核字（2022）第210295号

LENG YINFA DE DA LUANZI

"冷"引发的大乱子

出 品 人	杨 政	
著 者	孙倩倩 李 宁 李 怡 陈 聃	
绘 者	陈 聃	
总 策 划	陈 德	
特约策划	张国辰 孙 倩	
责任编辑	王 倩 刘静静	
特约编辑	冉卓昪	
美术编辑	苏 玥 周才琳	
科学顾问	刘晓曼	
营销编辑	魏 武	
责任印制	刘 元	

出版发行	天地出版社
	（成都市锦江区三色路238号 邮政编码：610023）
	（北京市方庄芳群园3区3号 邮政编码：100078）
网 址	http://www.tiandiph.com
电子邮箱	tianditg@163.com
经 销	新华文轩出版传媒股份有限公司

印 刷	河北尚唐印刷包装有限公司
版 次	2023年1月第1版
印 次	2024年6月第3次印刷
开 本	710mm×1000mm 1/16
印 张	4.5
字 数	53千字
定 价	30.00元
书 号	ISBN 978-7-5455-7306-0

人物介绍

儿子

对什么事都喜欢问一句"为什么"的小学五年级学生。为了了解二氧化碳对地球的影响，与爸爸一起穿越到过去，探索二氧化碳的过往。

爸爸

脑袋里装满知识的气候学家。使用时空胶囊，带领儿子穿越到地球历史上的各个时期。

二氧化碳

对地球气候有着重要影响的气体，在地球形成后不久就存在于地球上了。在大气中的浓度起起伏伏，使地球的气候也时冷时暖。近年来由于人类活动，大气中的二氧化碳变得越来越多，导致地球出现严重的环境问题。

目录

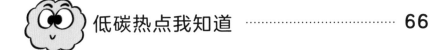

震惊！
"冷" 竟然能引发大乱子

从春秋至魏晋南北朝，气候由暖转冷。在暖期，社会繁荣，文明进步，国力强盛，人民安居乐业；而在气候转冷的时候，社会往往会发生动荡。

东汉末年至三国魏晋时期，气候持续寒冷，导致粮食减产，人民饥寒交迫，社会动荡。虽然英雄辈出，但他们也拯救不了乱世。

气候温暖的时期，大家种粮食容易获得丰收，生活就比较安宁幸福。

气候寒冷的时期，农民颗粒无收，暴力与冲突不断增多。

英雄也没辙

魏·曹操

蜀·刘备

吴·孙权

哇，终于来到我最爱的时期啦！

06

12

13

14

15

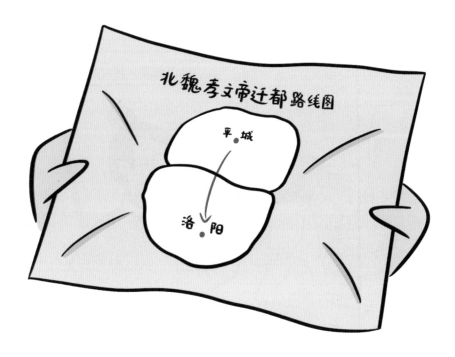

爸爸，我记得你说过，大象因为天气冷而往南搬家。难道这个孝文帝也是因为冷而迁都的吗？

没错，有这方面的原因。北魏迁都发生在公元493年，那时的山西北部远比现在冷，你能想象那里连盛夏时节都会下雪吗？冬天就更不用说了。

平城（今山西大同）距离洛阳（今河南洛阳）700多千米。在交通不发达的1500多年前，孝文帝率领几十万人的军队，靠骑马或步行，完成这么远距离的迁都，这可是个壮举。由此可见气候对政治、历史的影响有多大。

小剧场

好马搬家
平城
洛阳
预约

现代，高铁行驶 700 千米所需要的时间：

700 千米 ÷ 大约 350 千米 / 小时 =**2 小时**

古代，马在负重的情况下，走 700 千米所需要的时间：

700 千米 ÷ 大约 20 千米 / 天 =**35 天**

对于没有科学气象记载的历史时期，我们现代的气候学家如何研究那时的气候呢？这就需要地球气候的天然记录者——煤、树木年轮、植物花粉、冰川、珊瑚等来帮忙了。

● 如果一个地区有煤层存在，说明过去这里曾经出现过温暖、湿润的气候。因为煤层是大量植物死亡后在地下叠压生成的，而通常暖湿的环境才有利于植物大量生长。

● 树木年轮的宽窄变化也可以反映出气候变化。在干冷或干旱的时期，树木生长较慢，形成的年轮较窄；在温暖、湿润的时期，树木生长较快，形成的年轮较宽。

● 气候条件不同，生长出的植物类型也会不同。通过研究一个地区土层中留存的植物花粉，我们就能知道这里以前生长过什么植物，从而推测出这个地区的古代气候特征。

● 极地常年气温低，积雪不会融化，而是年复一年地沉积起来，最终形成冰川。在降雪沉积的过程中，空气因挤压而形成气泡，远古时期的空气就这样被封存在冰川之中。科学家将设备探入冰川内部，取出一根长长的冰柱，这就是冰芯。通过研究冰芯气泡里的远古空气，我们可以了解远古时期的气候情况。

● 海里的珊瑚是记录地球气候的"温度计"。海水温度每升高 1℃，就会造成珊瑚骨骼中的锶元素下降 0.8%，镁元素增加 3%。因此，通过研究珊瑚中的元素含量，我们可以推测过去的海水温度。

繁盛的朝代

汉代和唐代是中国历史上国力强盛、文化繁荣的时期。在这两个朝代，气候均有突发性回暖。

黄河：不走寻常路

23

是呀，汉代是中国历史上第一个长久、繁荣的统一王朝，中华文化的主体就是由汉文化延续发展的。虽然汉代一度很强盛，但延续400多年后也衰亡了。真是三十年河东，三十年河西。

爸爸，我们的民族叫汉族，文字叫汉字，语言叫汉语，这些都跟汉代有关吗？

这个"河"指的是黄河，这句话的大致意思是世事变化无常。

咦？什么河？为什么一会儿在东边，一会儿在西边呢？

历史上，黄河多次泛滥决口，河道十分不稳定，经常改道。

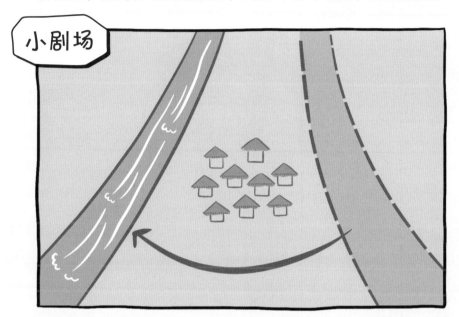

原本位于黄河东边的村子，在黄河改道后，可能就位于黄河西边了，于是就有了"三十年河东，三十年河西"的说法。后来，人们用这句谚语形容世事盛衰兴替，也比喻此一时彼一时。

没想到气候对河流的影响那么大。

是呀。

汉代，降雨逐渐减少，所以这时的热属于干热。我们感觉热或不热，与汗液的蒸发等因素有关。

这么热的天，为什么大家不穿短衫呢？

汗液蒸发会带走体内热量。空气中水汽越少，汗液蒸发越快。

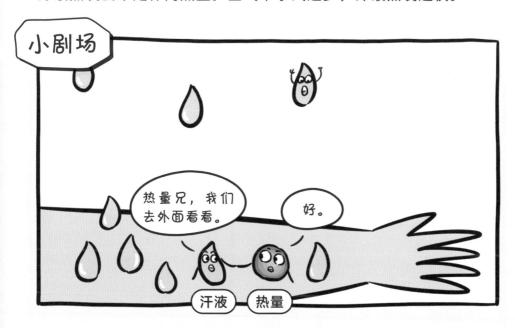

干热的空气虽然有利于人体排汗散热，但也容易导致人体失水过多。

宽松的衣服可以达到较好的通风透气的效果，衣服内能够形成一个有利于空气对流的小环境，使人体既能排汗去热，又不至于脱水。

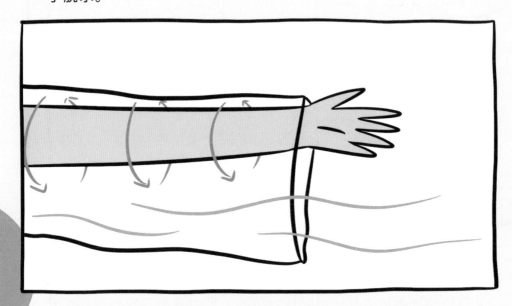

想想那些穿行在沙漠中的人的穿着就能明白。沙漠够热吧，可是他们却要用长袍把自己遮个严实，就是由于这个原因。

都是暖，穿衣大不同

爸爸，猜猜我在哪儿！

爸爸，怎么有那么多和我们长得不一样的人？

唐代时社会相对开放，国家强盛。很多外国人慕名来这里做生意或者学习，还有各种外国的东西也在这时传入中国。

胡饼

胡床

胡笛

32

当空气很湿润时，人体的汗液难以蒸发，热量也不容易散发。

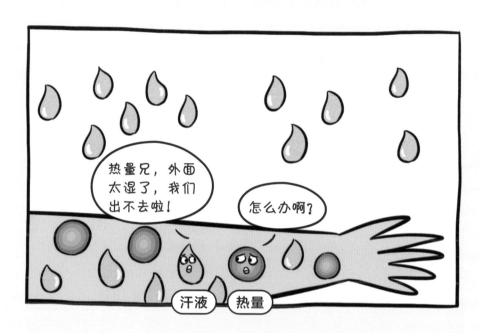

这时候穿少一点儿，可以增加人体皮肤和空气的接触面，促进排汗。

唐代到底有多热呢？
曾经热到长安连续 19 年不下雪。

大碗冷面

精致糕点

生鱼片

41

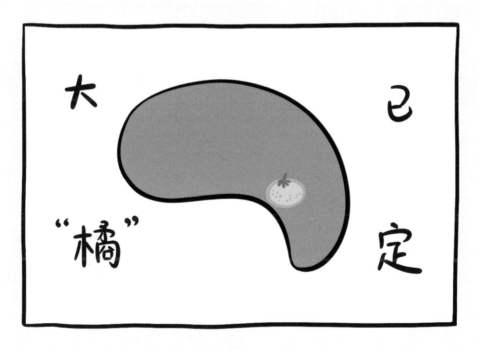

45

1 近 5000 年来，我国主要经历了 3 个温暖期。

● 第 1 个温暖期是仰韶暖期。这一时期，黄河流域文明迅速发展，出现了夏、商、周这 3 个史书上有记载的最早的朝代。

● 第 2 个温暖期是秦汉暖期。温暖的气候促进了农业的发展和人口的增长，国家走向统一、强盛，出现了秦和汉两个大一统王朝。

● 第 3 个温暖期是隋唐暖期。这一时期，黄河流域雨量丰沛，水利工程技术成熟，粮食丰收，国力强盛，政局稳定，一片太平盛世的繁荣景象。

2 中国历史上各朝代年平均气温变化曲线图：

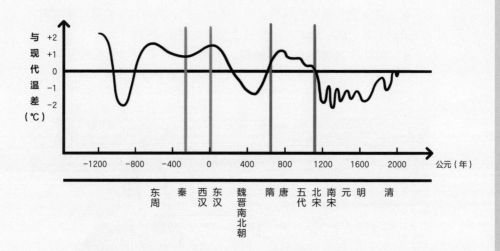

（根据竺可桢所著的《中国近五千年来气候变迁的初步研究》绘制）

三

日子不好过了

　　明末至清朝年间，气温骤降，这一时期被称为"明清小冰期"。其间，中国境内夏天干旱，冬天寒冷，粮食产量减少。北方的游牧民族受到气候影响，不断南下扩张地盘，和农耕民族之间的冲突不断升级。

没余粮了

明朝万历年间（公元1573~1620年）

靓仔们，大家走快点儿，雪越来越大了。

爸爸，你不是说带我去广东吗？这么大的雪，我们是跑东北来了吧？

不要以为只有北方会下雪，明朝时广东也会下雪。

都说"日啖荔枝三百颗，不辞长作岭南人"，来都来了，就带我尝尝广东的荔枝吧！

生在这个时期的广东，荔枝都得遭殃。

小剧场

冬天的荔枝们

好冷啊，这该怎么活啊？

荔枝恒久远，
　　　一颗永流传。

现在是寒冷期，几乎年年发生灾害，旱灾、风灾、蝗灾……很多地区粮食减产甚至绝收，民不聊生。

为什么会这样啊，爸爸？

这段寒冷期横跨明清两个朝代，至少持续了200多年。尤其是明末清初这几十年，饿死的、冻死的，再加上因战争死亡的人数，全国人口骤减4000万左右。

那要冷到什么时候呀？

抢地盘大战

天气寒冷，北方缺粮少食，女真人开始南下。

爸爸，这些骑马的后来怎么样了？他们真的把江山抢下来了吗？

在中国历史上，游牧民族赢了农耕民族并建立起统一王朝的情况，一共发生过两次。上一次是蒙古人建立元朝，这一次是女真人，也就是后来的满族人，建立清朝。

骑马文化有限公司

元朝首席执行官
成吉思汗

清朝首席执行官
努尔哈赤

震惊！ 这里竟然下过雪

小剧场

精品蚝王

朋友们关注一下！海南下雪，生蚝免费送！

 清朝网民 A：你瞎讲，海南不可能下雪！

 明朝网民 A：明正德年间，万州，下雪 2 次。

 明朝网民 B：明崇祯年间，临高，下雪 1 次。

 清朝网民 B：清康熙年间，文昌、临高、海口，下雪 3 次。

 清朝网民 C：清嘉庆年间，澄迈，下雪 1 次。

 清朝网民 D：清光绪年间，海口，下雪 1 次。

① 中国古代历史上，在北方草原上以放牧为生的民族被称为游牧民族，在中原地区以耕地为生的民族被称为农耕民族。游牧民族与农耕民族之间有时会发生冲突，而气候对此有着很大的影响：

● 在温暖期，气温高，降水丰沛。北方草原水草丰茂，牛羊成群，游牧民族得以安居乐业。这样的气候也有利于中原地区的农业生产，使中原地区经济繁荣，社会稳定。因此在温暖期，游牧民族与农耕民族能够和平相处。

● 在寒冷期，气温要比温暖期低，降水明显减少。北方变得更加寒冷、干燥，温带草原会向南方移动大约 200 千米。游牧民族为了生存，便会随着草原的南移而大规模南下。干冷的气候也使中原地区粮食减产。由于粮食供应不足，中原地区内部战乱四起，这大大降低了农耕民族抵抗游牧民族南下的能力。因此在寒冷期，游牧民族和农耕民族之间冲突不断。

② 近 2000 年来，我国主要经历了 3 个寒冷期：

● 第 1 个寒冷期为西周冷期，出现于西周早期。史书《竹书纪年》中记载，长江出现过冻结的情况。而在现代，长江是没有结冰期的，这说明那时的气候比现在冷很多。

● 第 2 个寒冷期为魏晋南北朝冷期。这个时期也是中国历史上历时最长的动乱岁月，其间，北方游牧民族在中原地区建立了众多政权，各个政权相互争斗，战乱不息。

● 第 3 个寒冷期为北宋初年到清朝末年，其中包含了"明清小冰期"。在这个时期的早期，游牧民族建立的辽国、金国与宋朝对峙；13 世纪蒙古人入主中原，建立了元朝；17 世纪则是北方女真人南下，建立了清朝。

低碳热点我知道

我国承诺会在什么时候实现碳中和？ **Q**

A 我国在第七十五届联合国大会上提出，将努力争取在 2060 年前实现碳中和。

我国全国节能宣传周是什么时候？为什么要设置全国节能宣传周？ **Q**

A 全国节能宣传周一般在 6 月份。这样设置是为了在夏季用电高峰到来之前，增强大家的节能意识，号召大家行动起来，节能降碳。

Q 全国低碳日是哪一天？

全国低碳日是全国节能宣传周的第 3 天。 **A**

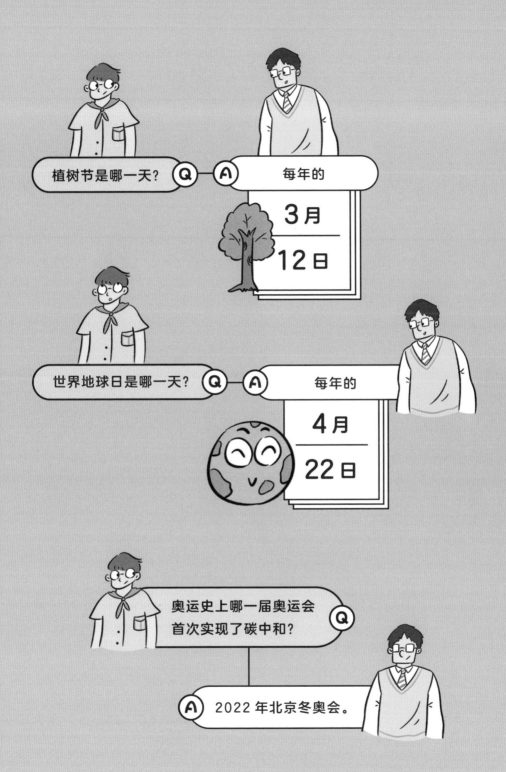

碳中和原来是这样！

地球的"棉被"变厚了

孙倩倩 李宁 李怡 陈聘　著

陈聘　绘

天地出版社 | TIANDI PRESS

图书在版编目（CIP）数据

地球的"棉被"变厚了 / 孙倩倩等著；陈聃绘. —
成都：天地出版社，2023.1（2024.6重印）

（碳中和原来是这样！）
ISBN 978-7-5455-7304-6

Ⅰ.①地… Ⅱ.①孙… ②陈… Ⅲ.①二氧化碳- 排
气- 儿童读物 Ⅳ.①X511-49

中国版本图书馆CIP数据核字（2022）第210298号

DIQIU DE MIANBEI BIAN HOU LE
地球的"棉被"变厚了

出 品 人	杨 政
著 者	孙倩倩 李 宁 李 怡 陈 聃
绘 者	陈 聃
总 策 划	陈 德
特约策划	张国辰 孙 倩
责任编辑	王 倩 刘静静
特约编辑	冉卓昇
美术编辑	苏 玥 周才琳
科学顾问	刘晓曼
营销编辑	魏 武
责任印制	刘 元

出版发行 天地出版社
　　　　　（成都市锦江区三色路238号 邮政编码：610023）
　　　　　（北京市方庄芳群园3区3号 邮政编码：100078）
网　　址 http://www.tianditph.com
电子邮箱 tianditg@163.com
经　　销 新华文轩出版传媒股份有限公司

印　　刷 河北尚唐印刷包装有限公司
版　　次 2023年1月第1版
印　　次 2024年6月第5次印刷
开　　本 710mm×1000mm 1/16
印　　张 5
字　　数 60千字
定　　价 30.00元
书　　号 ISBN 978-7-5455-7304-6

人物介绍

儿子

对什么事都喜欢问一句"为什么"的小学五年级学生。为了了解二氧化碳对地球的影响，与爸爸一起穿越到过去，探索二氧化碳的过往。

爸爸

脑袋里装满知识的气候学家。使用时空胶囊，带领儿子穿越到地球历史上的各个时期。

二氧化碳

对地球气候有着重要影响的气体，在地球形成后不久就存在于地球上了。在大气中的浓度起起伏伏，使地球的气候也时冷时暖。近年来由于人类活动，大气中的二氧化碳变得越来越多，导致地球出现严重的环境问题。

目录

煤炭的功劳

18世纪60年代以来，珍妮纺纱机等先进机器的诞生、蒸汽动力的广泛使用，引发了从手工劳动到机器大生产的巨大变革。这次变革被称为第一次工业革命。

第一次工业革命开始前的1万年内，地球的气候和大气中二氧化碳的浓度都保持在相对平稳的状态。

第一次工业革命开始后，人类对能源的需求剧增，地下的煤炭作为燃料被大量开采和使用。

在很长一段时间内，木材都是人们最主要的生产和生活资料，主要源自森林资源。到了 18 世纪，由于英国的工业发展，能源需求激增，树木被过度砍伐，森林覆盖率急剧下降，造成木材价格上升。于是，英国人转而选择煤炭作为最主要的能源。

这种鸟叫金丝雀，当时的矿工们在挖煤时会带上它，用来探测矿井里是否存在有毒气体。

小剧场

如果金丝雀平安无事，矿工们便全力前进。

如果金丝雀有异样表现……

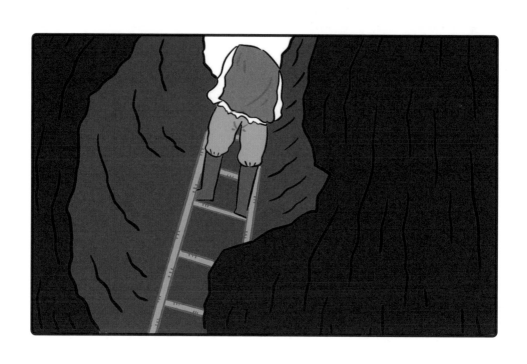

蒸汽机的工作原理：通过烧煤将水加热，水沸腾后产生高压蒸汽，推动活塞做功，继而驱动机器运转。

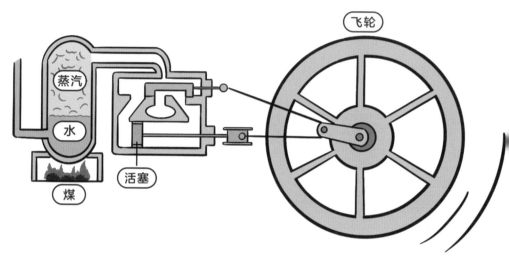

纽可门机就是一种早期的蒸汽机，它的效率很低，煤矿里挖出来的煤很多都填到它的肚子里了。

纽可门机效率低下、耗煤量大，在当时除了用来驱动抽水机给矿井抽水，并没有其他用处。

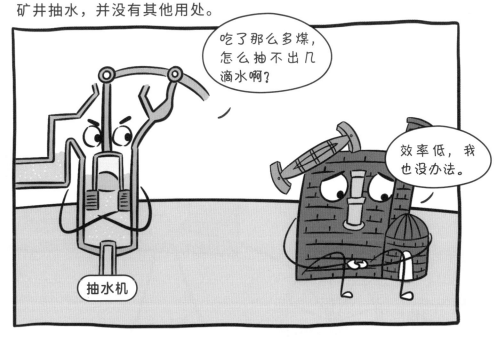

后来，一个叫瓦特的人推出了改良版蒸汽机。

瓦特改良后的蒸汽机效率大大提高，后来又被用于驱动其他机器。

纺织机

火车

轮船

蒸汽机成为英国工业革命的大功臣。

Te amo: 拉丁文，"我爱你"的意思。

① 英国是第一次工业革命的发源地，而煤炭对于英国工业革命的发展有着很大的功劳。

● 相比于当时严重短缺的木材，英国的煤炭资源丰富，具有开采快、价格低的优势。英国人改用煤炭为主要能源，极大节约了工业化发展的成本。

● 煤炭为大型机器提供了更强的动力。每千克煤炭完全燃烧产生的热量为 2.93 万千焦，而每千克木材完全燃烧产生的热量仅为 1.25 万千焦。

● 煤炭使工业生产摆脱了自然条件的限制。例如，工厂如果以水力为动力，就必须建在河道边；以风力为动力，就得布局在风力强劲的地区。而煤炭可以被运输，以煤炭为能源后，工厂开始集中分布在交通发达的地区。

工业革命期间，英国每年的煤炭消费量持续升高。据统计，1800 年，英国的煤炭消费量约为 1000 万吨；而到了 1856 年，煤炭消费量已经猛增至 6000 万吨。

2 煤矿井内的有害气体主要为甲烷，它是在煤生成和变质过程中产生的。甲烷无色、无味，比空气轻，因此经常堆积于矿井巷道顶部。甲烷对于煤矿工人的害处在于：

- 当空气中的甲烷达到一定浓度时，人会因缺氧而窒息。
- 甲烷与一定空气混合后，遇火能燃烧或发生爆炸。甲烷引起的爆炸是煤矿里经常发生的灾害事件。

3 化石燃料是古代生物的残骸沉积在地下，经过一系列复杂的变化形成的，是不可再生的资源。人类常用的煤炭、石油、天然气等能源都属于化石燃料。

化石燃料燃烧后会产生二氧化碳。工业革命以来，人类越来越多地使用化石燃料，在推动工业发展的同时，也造成了一系列环境问题。

悄悄来临的危机

第一次工业革命（18世纪60年代~19世纪上半期）以蒸汽机的广泛使用为标志，第二次工业革命（19世纪70年代~19世纪末20世纪初）以电力的广泛应用为标志。两次工业革命都导致了化石燃料的大量消耗，以至于从19世纪初开始，大气中的二氧化碳浓度出现持续上升趋势。

有了煤炭和蒸汽机这对黄金搭档,工厂可以用机器进行生产,就不需要那么多工人了。

这么大的工厂里,怎么才这么几个工人啊?

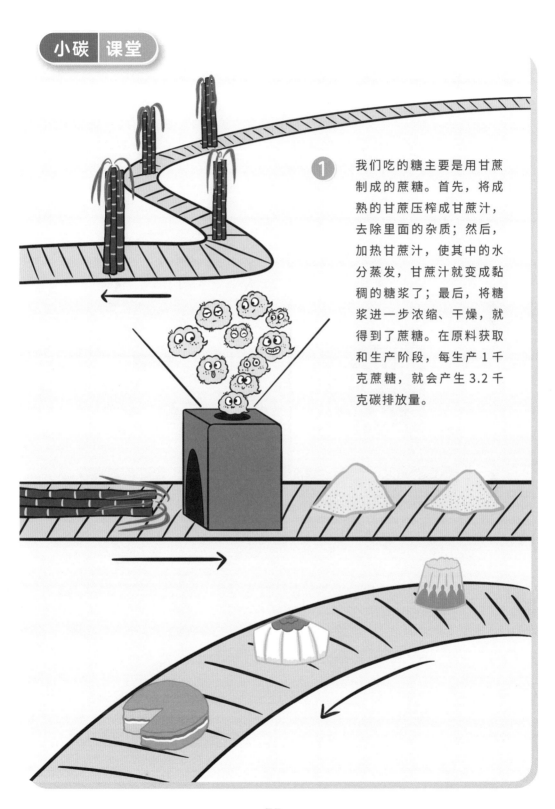

1 我们吃的糖主要是用甘蔗制成的蔗糖。首先，将成熟的甘蔗压榨成甘蔗汁，去除里面的杂质；然后，加热甘蔗汁，使其中的水分蒸发，甘蔗汁就变成黏稠的糖浆了；最后，将糖浆进一步浓缩、干燥，就得到了蔗糖。在原料获取和生产阶段，每生产1千克蔗糖，就会产生3.2千克碳排放量。

2 与第一次工业革命起源于英国不同，第二次工业革命几乎同时发生在几个当时比较先进的资本主义国家，所以规模更大，发展更为迅速。这导致更多化石燃料被消耗，温室气体排放量激增，产生的大量污染物还使空气污染问题在全球多地相继出现。

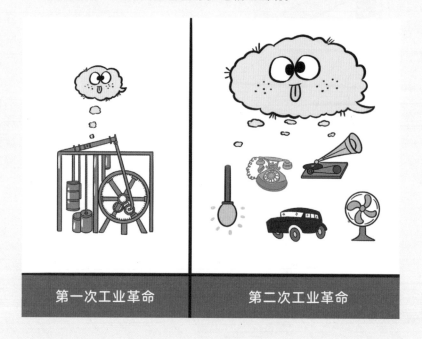

| 第一次工业革命 | 第二次工业革命 |

3 欧洲是世界上率先进行工业化的地区，工业生产造成了大量碳排放。在 19 世纪初，全球大约 99% 的碳排放来自欧洲。后来，欧洲以外的地区也开始发展工业，到了 20 世纪初，欧洲的碳排放占比已下降至大约 70%。

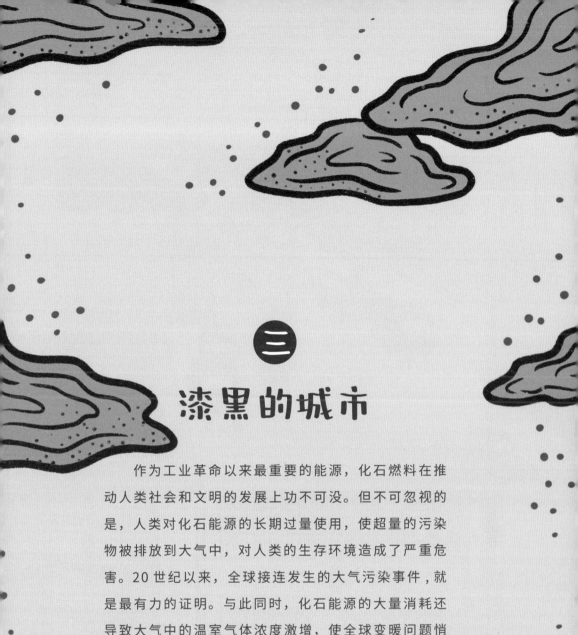

三

漆黑的城市

作为工业革命以来最重要的能源，化石燃料在推动人类社会和文明的发展上功不可没。但不可忽视的是，人类对化石能源的长期过量使用，使超量的污染物被排放到大气中，对人类的生存环境造成了严重危害。20世纪以来，全球接连发生的大气污染事件，就是最有力的证明。与此同时，化石能源的大量消耗还导致大气中的温室气体浓度激增，使全球变暖问题悄然而至。

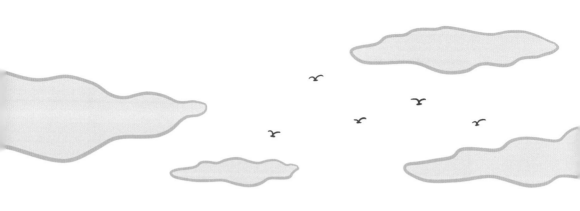

那时我还能经常看到蓝天，工厂没有这么多，雾也没有这么浓。

可是，

现在，

煤炭的报复

我得上医院检查肺了，祝你们玩得愉快。

再见。

因为工业生产和取暖的需要，伦敦的人大量烧煤，而煤炭燃烧不充分会产生煤粉。黑黑的煤粉混在烧煤产生的烟气里，一起排放到空气中，就导致黑烟弥漫。

真是个有意思的老爷爷。不过爸爸，伦敦是怎么变成这样又黑又脏的呢？

煤炭燃烧产生的黑烟笼罩伦敦，里面的有害物质影响了许多居民的健康。

1930 年冬天，比利时的马斯河谷工业区被有毒浓雾笼罩，一个星期内就有 60 多人死亡，其中因心脏病、肺病死去的人数量最多。许多牲畜也在此事件中死去。

从 1943 年起，洛杉矶城市上空常常出现一种有毒的浅蓝色烟雾。这种烟雾使人眼睛发红、咽喉疼痛、呼吸不畅，城市的空气变得浑浊不堪。

那怎么办呢?

1956 年英国出台了世界上第一部空气污染防治法案——《清洁空气法》,实施限制工业排污、提倡居民使用天然气等措施,减少污染物的排放。

随着科技的进步,人们开始对煤炭以及燃烧煤炭产生的烟气进行脱硫处理,这样排放出来的大气污染物就大幅减少了。

小剧场

空气美容仪

最近二氧化硫好多,弄得我满脸痘痘。

是啊,这些煤粉让我的肤色黑了8个色度。

① 1930 年比利时马斯河谷烟雾事件成因：

● 比利时是欧洲较早进行工业革命的国家，工业较为发达。马斯河谷位于比利时的马斯河旁，是一段长 24 公里的河谷地段。这里有一个重要的工业区，聚集着炼油厂、冶金厂、玻璃厂等工厂，产生了大量大气污染物。

● 马斯河谷两侧是百米高的大山，狭窄的地形使大气污染物难以消散。

● 1930 年冬季，马斯河谷上空出现了高空空气比低空空气温度还高的气温逆转现象，空气无法向上流动扩散，致使大气污染物停滞在河谷中。

工业、地形、天气等因素综合起来发生作用，导致马斯河谷短时间内大气污染物积聚，造成了严重的后果。

② 1943 年美国洛杉矶光化学烟雾污染事件成因：

● 当时的洛杉矶市拥有飞机制造、军工等重工业，商业、旅游业也非常发达，经济空前繁荣。城市内高速公路纵横交错，各种汽车总量达 250 多万辆。这些汽车所排放的尾气在阳光作用下发生化学反应，生成了一种有毒的浅蓝色光化学烟雾。

● 洛杉矶的地形三面环山，光化学烟雾难以扩散出去，只能停滞在城市上空，进而形成污染。

③ 1952 年英国伦敦烟雾事件成因：

● 20 世纪的伦敦是一座名副其实的工业城市，街头巷尾工厂林立，随处可见的烟囱不断向大气中排放燃煤废气。

● 在冬季，城区的百万居民同时使用燃煤进行取暖，这是伦敦空气污染的另一个主要原因。

● 天气也是造成 1952 年伦敦烟雾事件的一个重要因素。当时伦敦连续数日无风，城市上空还出现了气温逆转现象，污染废气无法扩散排出，最终导致整座城市被浓厚的烟雾笼罩。

④ 煤炭中含有硫元素，燃烧后会产生二氧化硫。二氧化硫被排放到空气中，与降雨混合后形成酸雨。酸雨对植物具有腐蚀作用，从而减弱植物吸收二氧化碳的能力。

⑤ 酸雨不仅损害植物，还会对人类和环境造成危害。因此，人们想到了给煤炭脱硫的办法：

- 在煤炭燃烧前，先将煤炭中的硫元素去除。
- 在煤炭燃烧产生的气体排放出去前，先将气体中的二氧化硫去除。

四

"棉被"变厚了

　　进入 21 世纪，地球大气中二氧化碳浓度依然持续升高。发电业、建筑业、交通业、畜牧业等都是"排碳大户"。

建造高楼需要钢材、水泥等建筑材料，生产这些材料需要消耗大量化石能源，消耗化石能源就会产生二氧化碳。另外，在生产这些材料的过程中会发生一些化学反应，从中也会产生二氧化碳。

咦？难道高楼也会呼吸，像我们一样呼出二氧化碳吗？

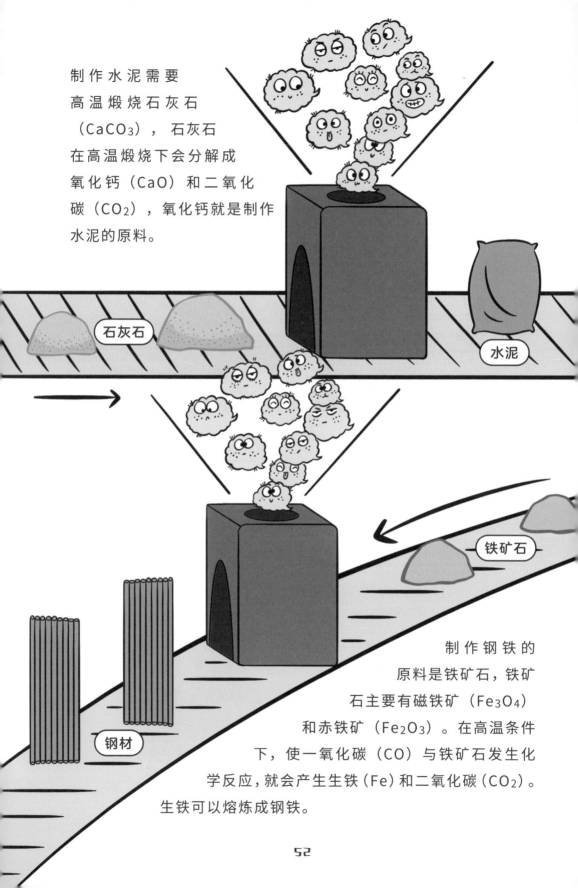

制作水泥需要高温煅烧石灰石（$CaCO_3$），石灰石在高温煅烧下会分解成氧化钙（CaO）和二氧化碳（CO_2），氧化钙就是制作水泥的原料。

石灰石

水泥

铁矿石

钢材

制作钢铁的原料是铁矿石，铁矿石主要有磁铁矿（Fe_3O_4）和赤铁矿（Fe_2O_3）。在高温条件下，使一氧化碳（CO）与铁矿石发生化学反应，就会产生生铁（Fe）和二氧化碳（CO_2）。生铁可以熔炼成钢铁。

人类建造的建筑多了，还会占据许多原本属于花草树木的地盘。

小剧场

虽然我吸附二氧化碳的能力不如热带雨林，可总好过没有吧！

大楼里的二氧化碳也这么多啊!

因为耗电呀，各种设备都需要用电，而目前产电的主要方式还是火力发电，也就是燃烧煤炭发电。

火力发电靠燃烧煤炭把水烧开，然后水蒸气驱动汽轮机做功，带动发电机工作产生电能。

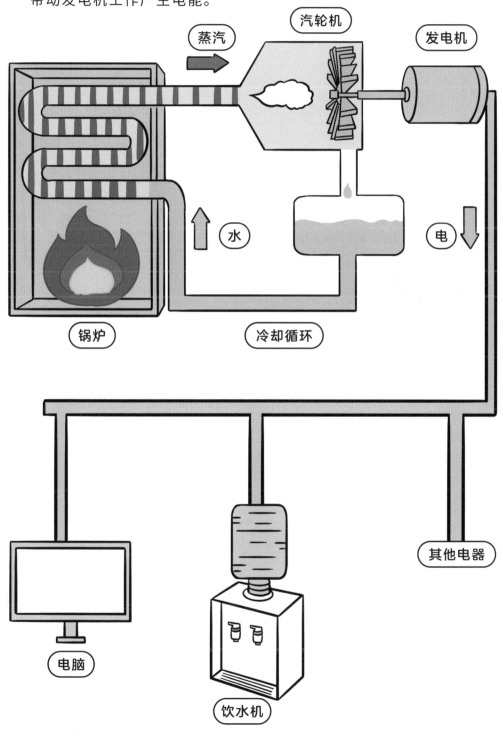

蒸汽

汽轮机

发电机

水

电

锅炉

冷却循环

电脑

饮水机

其他电器

走得更快了，碳却更多了

是的，人类的交通工具史也是一部碳排放史。

汽车的碳排放量也很大呢！

使用畜力时期
碳排放总量：

蒸汽时代
碳排放总量：

燃油时代
碳排放总量：

新能源时代
碳排放总量：

以前的交通工具主要靠畜力来驱动，自然又环保，但速度慢。

工业革命来临，人类发明了用煤炭做燃料的蒸汽机。蒸汽机能提供巨大的动力，用它驱动的交通工具，如蒸汽火车、蒸汽船，也相继出现了。

使用燃油的汽车，排放的尾气中除了二氧化碳，还含有超过150 种有害物质。

只要使用燃油必然会排碳，因为燃油中就含有碳。差别不过是，燃烧完全会产生二氧化碳，燃烧不完全还会产生有毒的一氧化碳。

既然煤能脱硫，那燃油可以脱碳吗？

现在不是有电车了吗？以后只用电，不用燃油不就行了？

目前产电的主要方式是火力发电，还是会产生碳排放呀。

用太阳能和风能发的电驱动电动汽车，就能实现二氧化碳零排放。只是目前太阳能和风能发电量所占比重还比较小，我们用的电主要还是燃煤火电。

啊，这样说来，我们还有不排碳的交通工具吗？

屁大点儿事

以前德国有一个牧场，就曾发生过几十头奶牛集体打嗝、放屁，引发爆炸的事件。

66

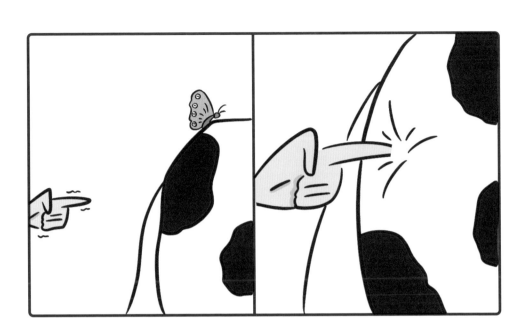

不用怕，它又不是炸弹。

当然没有。牛主要吃草，胃在消化草里的纤维时，会产生甲烷、二氧化碳这两种含有碳元素的"副产品"。这两种气体可都是温室气体，所以牛也算是温室效应的"推波助澜者"。

牛的肚子里装着煤炭吗？怎么会排那么多含有碳元素的气体？

其他动物也会这样吗？

除了牛，羊、骆驼等以植物为食的反刍动物，都会通过放屁、打嗝排出大量甲烷和二氧化碳。

* 反刍动物能够将粗粗咀嚼后咽下的食物呕回嘴里重新咀嚼。

啊！

屁大点儿事，造成了天大的损害呀。

可不是嘛，目前地球上的牛超过10亿头，妥妥的排碳大户！

1 国际能源署公布的化石燃料的二氧化碳排放数据显示，在 2019 年，消耗煤炭、石油和天然气产生的二氧化碳排放量分别占比 43.8%、34.6% 和 21.6%。

从排放部门来看，电力、交通、工业是全球二氧化碳排放量最大的 3 个部门，三者合计占比 85% 左右。

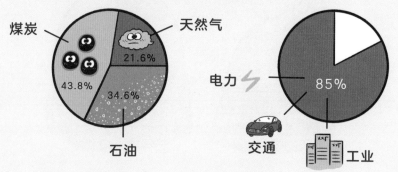

2 屁是一种混合物，人类的屁大约由 59% 的氮、21% 的氢、9% 的二氧化碳、7% 的甲烷，以及 4% 的氧气组成。顺便说一下，这些气体都是无味的。那为什么屁闻起来是臭的呢？屁的臭味主要来源于其中微量的化学物质，比如氨和粪臭素。这些占比不足 1% 的化学物质，让放屁成为一件十分尴尬的事。

3 甲烷广泛存在于天然气、沼气、煤矿坑气之中。由于甲烷是易燃气体，所以它是优质的气体燃料。它同时也是制造许多化工产品的重要原料。

环保小侦探

图中有一些有助于节能减排的行为和不利于节能减排的行为，你能找出它们吗？ * 答案在本页底部。

烧烤店

比萨外卖

生活超市

二手衣物店

二手书店

碳中和 原来是这样！

欢迎来到碳中和时代

孙倩倩 李宁 李怡 陈聃　著

陈聃　绘

天 地 出 版 社 | TIANDI PRESS

图书在版编目（CIP）数据

欢迎来到碳中和时代 / 孙倩倩等著；陈聃绘. —
成都：天地出版社, 2023.1（2024.6重印）
（碳中和原来是这样！）
ISBN 978-7-5455-7303-9

Ⅰ. ①欢… Ⅱ. ①孙… ②陈… Ⅲ. ①二氧化碳- 排
污交易- 儿童读物 Ⅳ. ①X511-49

中国版本图书馆CIP数据核字（2022）第210297号

HUANYING LAIDAO TANZHONGHE SHIDAI

欢迎来到碳中和时代

出品人	杨 政
著 者	孙倩倩 李 宁 李 怡 陈 聃
绘 者	陈 聃
总 策 划	陈 德
特约策划	张国辰 孙 倩
责任编辑	王 倩 刘静静
特约编辑	冉卓异
美术编辑	苏 玥 周才琳
科学顾问	刘晓曼
营销编辑	魏 武
责任印制	刘 元

出版发行	天地出版社
	（成都市锦江区三色路238号 邮政编码：610023）
	（北京市方庄芳群园3区3号 邮政编码：100078）
网 址	http://www.tiandiph.com
电子邮箱	tianditg@163.com
经 销	新华文轩出版传媒股份有限公司

印 刷	河北尚唐印刷包装有限公司
版 次	2023年1月第1版
印 次	2024年6月第3次印刷
开 本	710mm×1000mm 1/16
印 张	4.25
字 数	50千字
定 价	30.00元
书 号	ISBN 978-7-5455-7303-9

咨询电话：(028) 86361282（总编室）
购书热线：(010) 67693207（营销中心）

本版图书凡印刷、装订错误，可及时向我社营销中心调换

人物介绍

儿子

对什么事都喜欢问一句"为什么"的小学五年级学生。为了了解二氧化碳对地球的影响，与爸爸一起穿越到过去，探索二氧化碳的过往。

爸爸

脑袋里装满知识的气候学家。使用时空胶囊，带领儿子穿越到地球历史上的各个时期。

二氧化碳

对地球气候有着重要影响的气体，在地球形成后不久就存在于地球上了。在大气中的浓度起起伏伏，使地球的气候也时冷时暖。近年来由于人类活动，大气中的二氧化碳变得越来越多，导致地球出现严重的环境问题。

目录

奇妙的未来世界

一

　　在未来，如果我们成功为二氧化碳"瘦身"，实现了碳中和，世界将会变成什么样呢？

　　也许是这样的：到处铺设着五颜六色的太阳能电池板，潜水员穿着自行产生氧气的光合作用潜水服，人们开着加水就能跑的汽车……低碳产品融入人们每天的衣食住行中，碳中和时代的黑科技层出不穷。

"瘦身"成功

変身

身

碳中和的世界

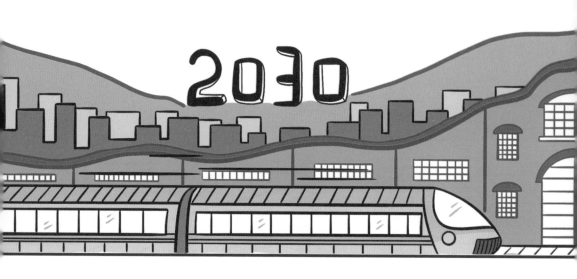

叶绿体存在于植物的细胞里，它能进行光合作用。把叶绿体运用在衣服上，衣服就能像植物一样吸入二氧化碳，呼出氧气。所以，未来的衣服是会呼吸的衣服。

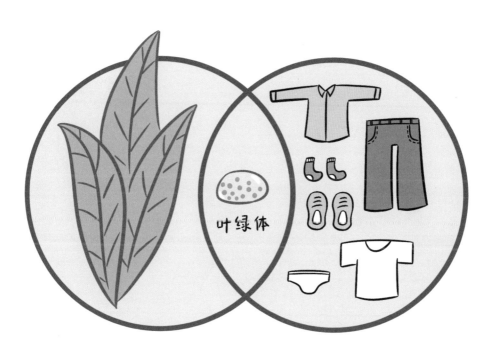

叶绿体

二氧化碳

氧气

只要有阳光，叶绿体衣就可以替代笨重的氧气瓶，让潜水者和高海拔登山者获得极大便利。

轻装上阵的人果然有优势。

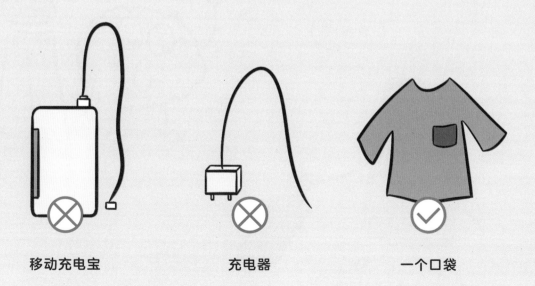

移动充电宝　　　　　充电器　　　　　一个口袋

这些绿色建筑的表面是叶绿体涂层，未来连大楼都可以进行光合作用。而且，这些建筑还有很多环保功能。

雨水收集管
将雨水收集起来，作为生活用水加以利用。

太阳能板
将太阳能转化为电能。

风能捕集板
将风能转化为电能。

叶绿体涂层和绿植
吸收二氧化碳，释放氧气。

14

钻石是由碳原子构成的，二氧化碳中也含有碳原子，
人们可以提取二氧化碳中的碳原子制造钻石。

婴儿时期　　　　　　　　　　少年时期

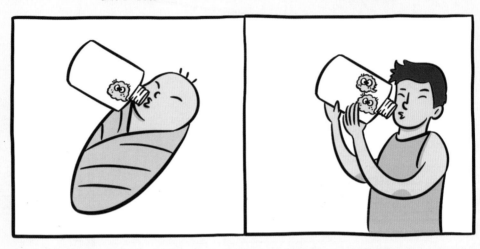

青年时期　　　　　　　　　　壮年时期

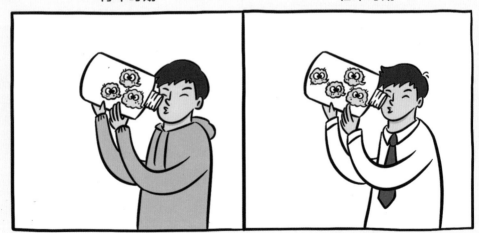

从现在开始，我也要收集二氧化碳做钻石。

老板，结账。

18

过去塑料制品的主要原料是石油，而且有些要经过数百年才能降解，因此被废弃后会造成环境污染。

未来的塑料袋不仅低碳，而且加入了降解剂，更容易降解，大大避免了塑料污染问题。

火箭？　　　　　闪电？

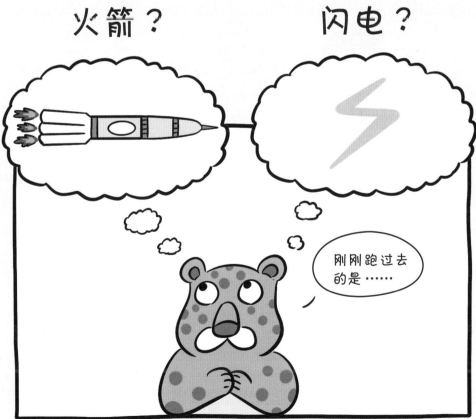

刚刚跑过去的是……

1. 目前，全球每年生产约 1000 亿件衣服，产生约 12 亿吨碳排放，远超国际航班和海运产生的碳排放量之和。

2. 在形形色色的制衣面料中，涤纶面料的碳排放量最高，每生产 1 千克涤纶面料会排放 25.7 千克二氧化碳当量。

   涤纶又称为聚酯纤维，是目前纺织业最常用的原材料之一，由石油、天然气或煤炭等不可再生的化石能源加工而成。

3. 作为化石能源燃烧释放的产物，二氧化碳的确是全球变暖的元凶，但它也是潜在的碳资源。通过化学合成手段，我们完全有可能用二氧化碳替代化石能源，将二氧化碳中的碳元素转化为涤纶的合成原料之一，从根本上降低制衣的碳排放量。

④ 塑料在我们的日常生活中随处可见，它们方便、廉价、耐用，而且轻盈、多样、用途广泛，对于我们而言是不可或缺的材料。塑料的发明曾被誉为"科技革命"，好几位科学家因塑料相关的研究而获得诺贝尔奖。

⑤ 正因为塑料制品的这些不可忽视的优点，它们的产量从 1950 年的约 200 万吨飙升至 2021 年的 4 亿多吨。然而，随着塑料制品被大规模制造，并在日常生活中被广泛使用，人们发现，塑料制品不易降解的特点使其在废弃后变成了一个"噩梦"。这意味着，它们会持续几百年地堆积在地球表面，且越来越多。

⑥ 有数据统计，全球制造的所有塑料制品中只有不到 10% 能被回收。这很大程度上是因为收集和分类废塑料的成本太高，所以绝大部分废塑料被倾倒、填埋或焚烧。在这过程中，它们会释放大量有害物质，给地球环境造成严重污染。"白色污染"就是对废塑料污染环境现象的一种形象的称谓。

⑦ 如今，塑料污染已经悄然侵入人体内部。在 2018 年 10 月举行的欧洲肠胃病学会上，有研究报告称，科学家首次在人体粪便中检测到微塑料，且多达 9 种，它们的直径在 50 到 500 微米之间。后来，人们在人体的血液和肺部都发现了微塑料。

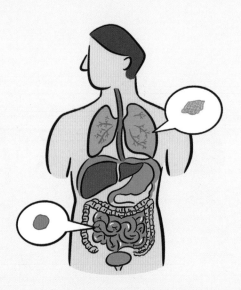

⑧ 塑料制品还是不折不扣的碳排放大户。2021 年，全球塑料产量约 4 亿吨，由此产生的碳排放量高达 13.2 亿吨。这是由于塑料工业和化石能源有着密不可分的联系，超过 99% 的塑料是由化石能源中的化学物质制成的。

二

未来的家

在实现了碳中和的未来，通过利用各种新科技，我们的家会变得既低碳又舒适。

这是什么神奇的功能？

未来的家具、家电是用轻薄、拉伸性强的碳材料做的，所以可以藏在地下，而且能折叠起来呢！你看那盏灯。叔叔，你去演示一下吧。

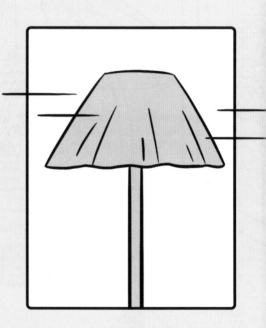

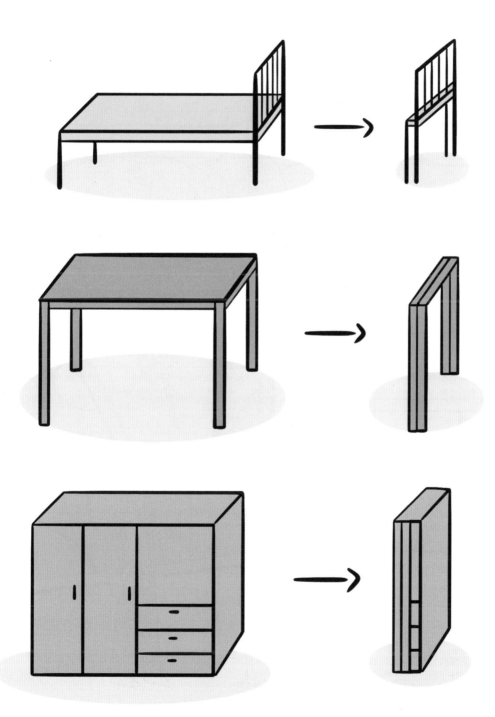

整套房子还配备有智能追踪系统，房子里的人只要一移动，系统就可以感应人所在的位置，调节屋内的空调、暖气、电灯等设施的运行。既保证人所处的环境足够舒适，又能节约用电。

如果将这个系统运用在调节室内温度上——

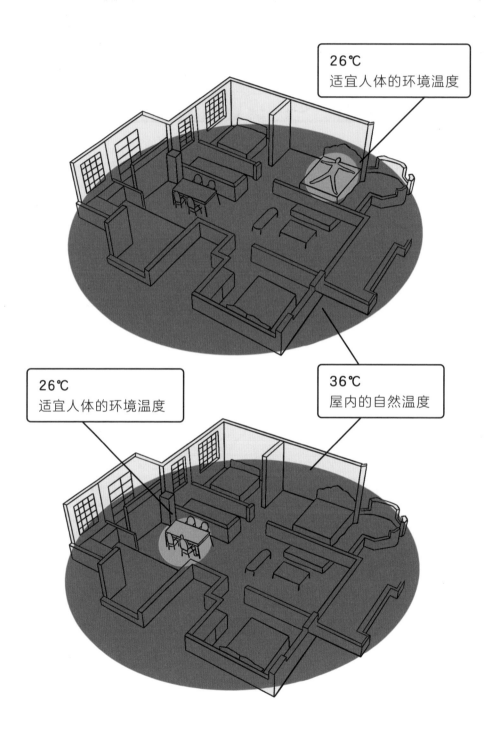

26℃
适宜人体的环境温度

26℃
适宜人体的环境温度

36℃
屋内的自然温度

如果将这个系统运用在控制室内灯光上——

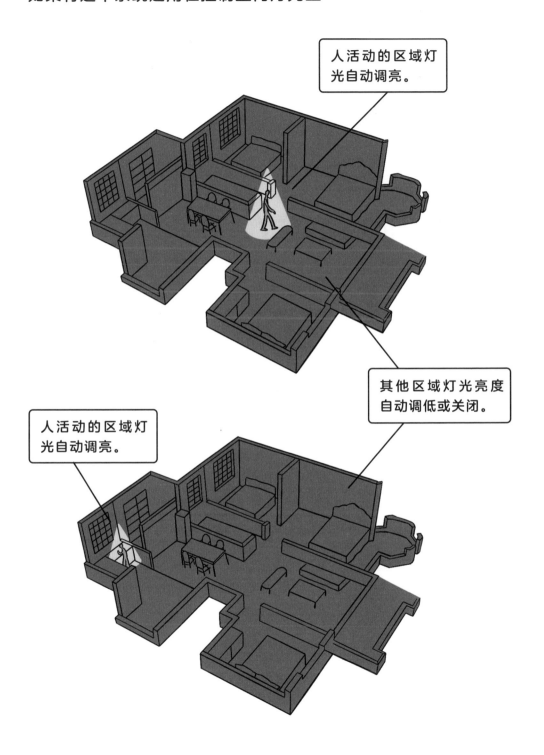

人活动的区域灯光自动调亮。

其他区域灯光亮度自动调低或关闭。

人活动的区域灯光自动调亮。

这个电表接入了全国各地的电网，能自动选取当天单价
最低的电接入。

今日用电：
新疆太阳能产电

0.16 元 / 度

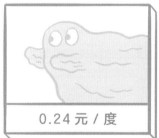

0.24 元 / 度

0.59 元 / 度

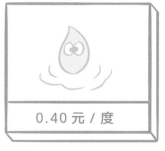

0.40 元 / 度

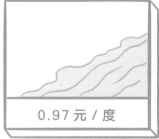

0.97 元 / 度

哗——

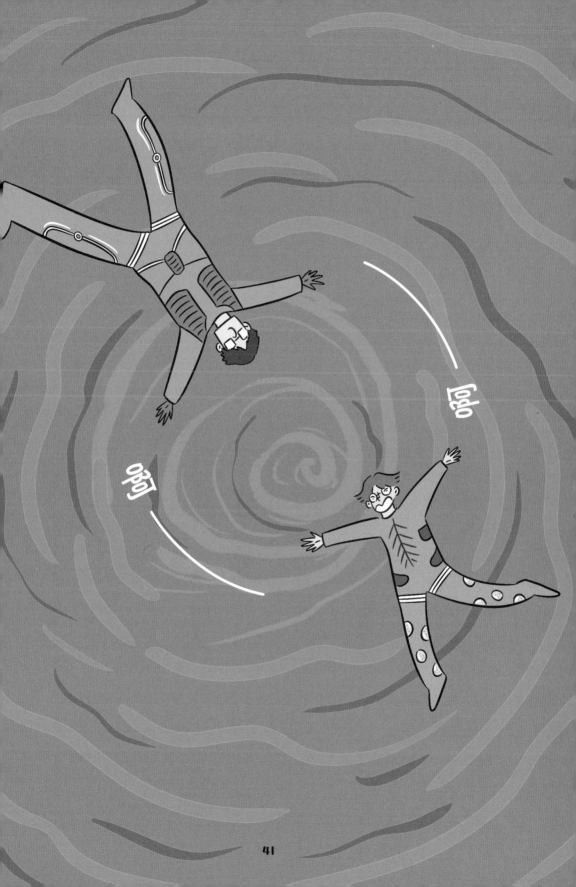

现在的生活好无聊！真想一眨眼就到2060年，直接过上碳中和实现后的生活。

306度

1 实现碳中和需要我们每个人的参与。专家指出，在实现碳中和的道路上，减少碳排放量，很大程度上取决于公众的日常选择，比如选择购买电动汽车，使用节能技术改造房屋等。减少碳排放量还与公众行为的改变相关，比如用步行、骑车和乘坐公共交通工具替代私家车出行，用高铁出行代替短途飞行等。

2 在日常生活中，我们力所能及地助力碳中和的方法也非常多。比如少用一次性餐具，少点一次外卖，少买一件衣服，洗衣后自然晾干，及时关闭各种电源，开空调时选择合适的温度，使用节能家电，多吃素食，践行垃圾分类，等等。

* 本册内容为基于技术发展现实而展开的对未来的想象，其中提到的一些技术尚未实现，有待进一步研究、发展。

碳中和卡牌游戏

★ 碳中和就是指将碳排放量与碳吸收量相抵消。

在本游戏中，卡牌分为正负两种：有助于节能减排的行为是正分卡牌，不利于节能减排的行为是负分卡牌。本游戏用抵消正负卡牌分数的方式来模拟碳中和。比如，1 张 +100 可以与 1 张 −100 相抵消，2 张 +50 也可以与 1 张 −100 相抵消。

工具 游戏卡牌（随书附赠，需将书后的卡牌按照虚线剪下来）。

人数 建议 2~3 人。

规则 1. 以猜拳的方式决定谁先摸牌，然后按照顺时针方向每人依次摸 4 张牌。

2. 再从牌堆里摸 4 张牌，亮在桌面上。亮牌区的 4 张牌，不能互相碳中和。

3. 首先可以将手中的牌进行自我碳中和，再与桌面亮出来的牌碳中和。如果多人手中的牌同时可以与桌面的牌碳中和，则猜拳决定谁先开始。已完成碳中和的牌放到自己身边，直至手中与桌面的牌无法碳中和。

4. 玩家按照之前的顺序补齐至 4 张手牌，再为桌面的亮牌区补齐至 4 张。继续游戏，直至用完牌堆里的所有卡牌。

5. 最后，玩家将手中剩余的牌进行加减计算，再将结果与自己已实现碳中和的正分进行加减计算，算出总分。得分最高者则为赢家。

+20 外出自带水杯

+20 外出购物
自带环保袋

+10 衣服自然晾干

+10 出门用餐
随身携带餐具

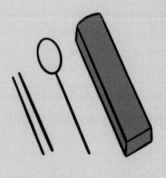

+10 单件衣服手洗

+10 酌情购买
二手商品

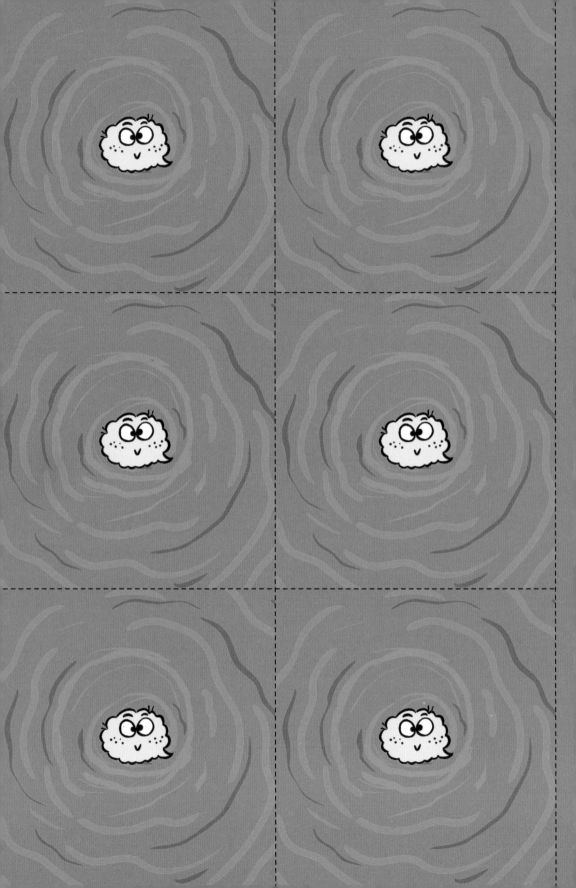

+20 节约粮食
做到"光盘"

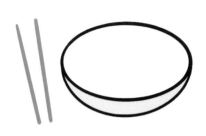

+100 垃圾分类

可回收物　有害垃圾

其他垃圾　厨余垃圾

+10 未用完的纸张
装订起来重新使用

+50 随手关电器

关

+50 少乘电梯
多走楼梯

+100 步行、骑车
和乘坐公共
交通工具

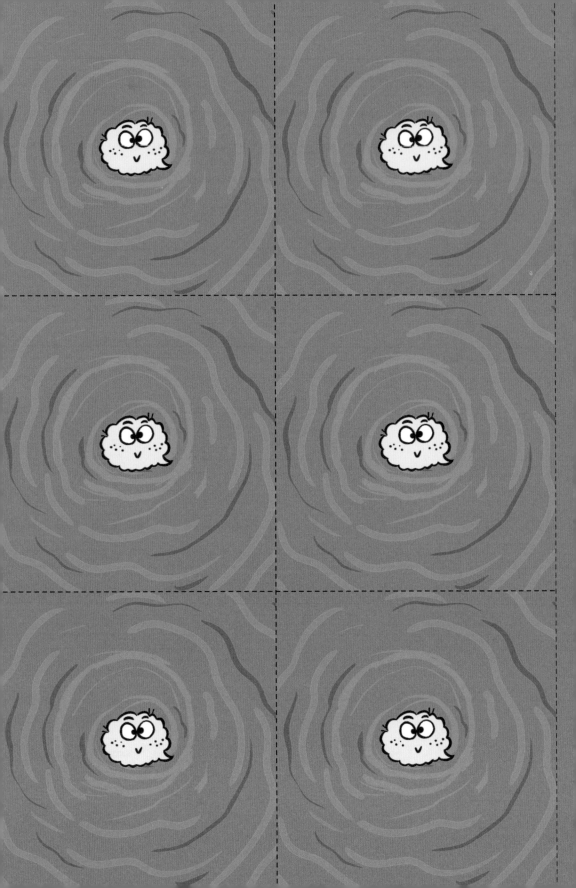

-10 淋浴时间
超过 1 小时

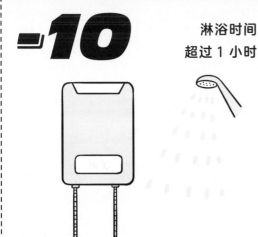

-20 浪费食物

-100 丢垃圾时
不分类

-10 使用一次性餐具

-10 使用塑料袋

-50 没有随手关电器

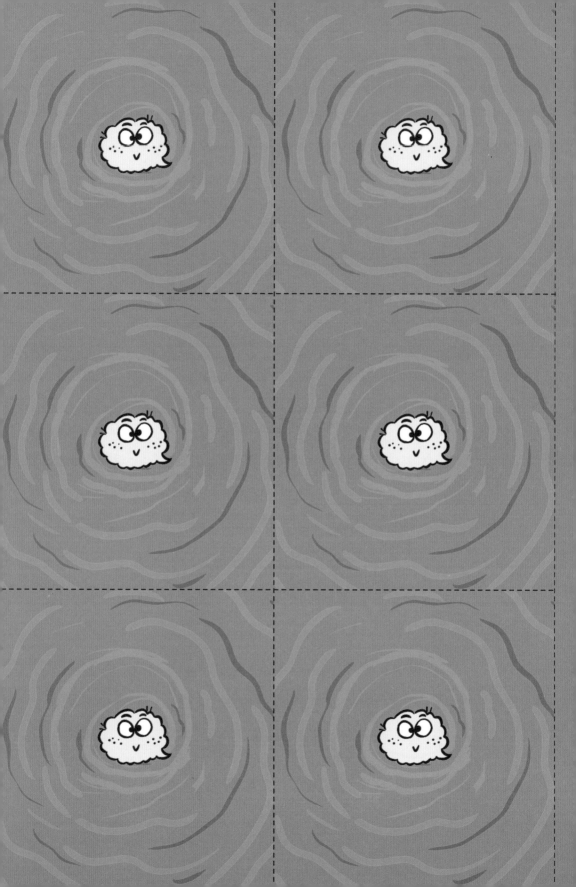

-20 购买过度包装的商品

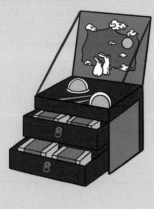

-10 喝瓶装饮料

-10 坐电梯

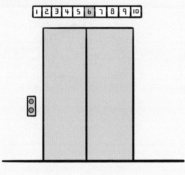

-20 玩电子产品超过 1 小时

-100 坐私家车出行

-50 洗手洗脸时一直开着水龙头

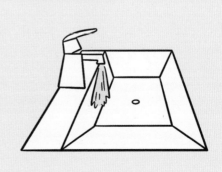

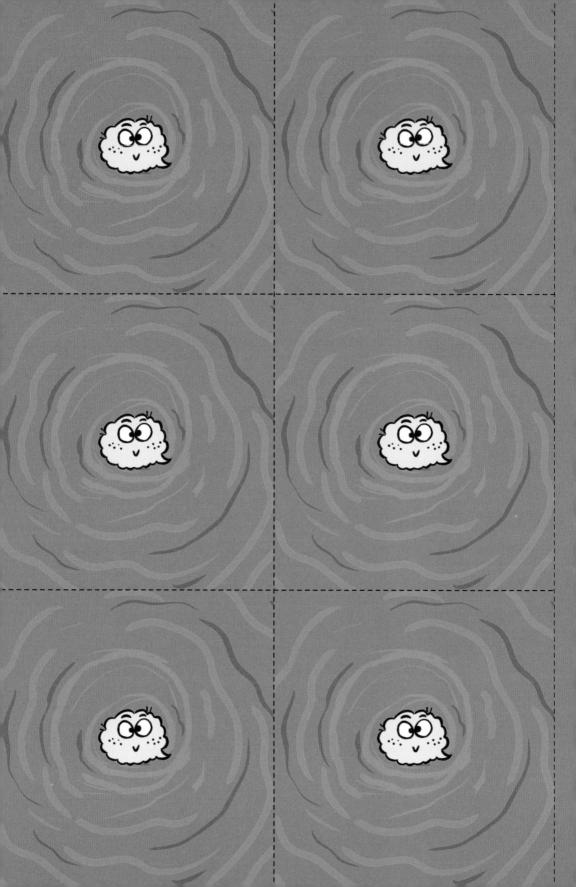

+20 外出自带水杯

+20 外出购物
自带环保袋

+10 衣服自然晾干

+10 出门用餐
随身携带餐具

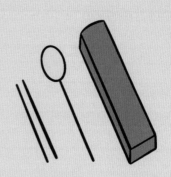

+10 单件衣服手洗
节约水电

+10 酌情购买
二手商品

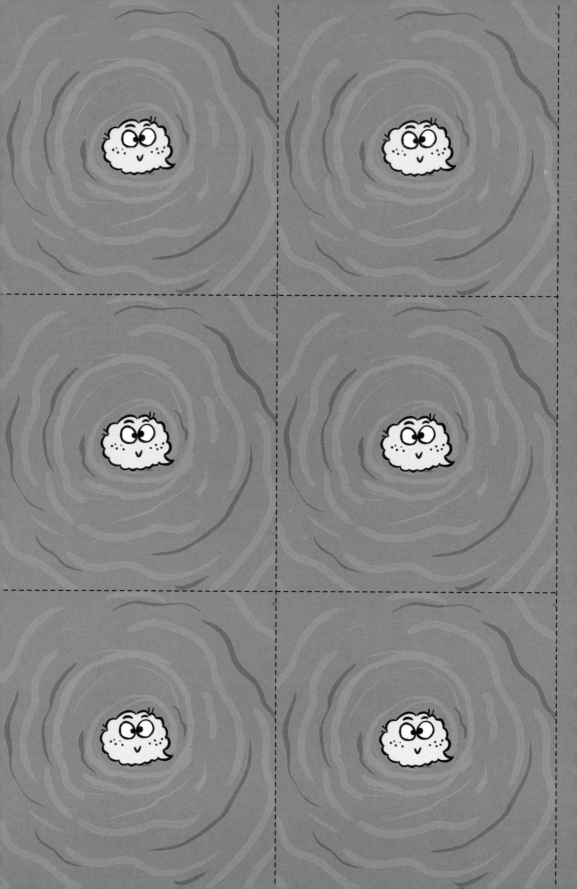

+20 节约粮食
做到"光盘"

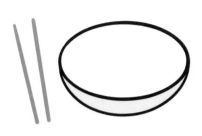

+100 垃圾分类

+10 未用完的纸张
装订起来重新使用

+50 随手关电器

+50 少乘电梯
多走楼梯

+100 步行、骑车
和乘坐公共
交通工具

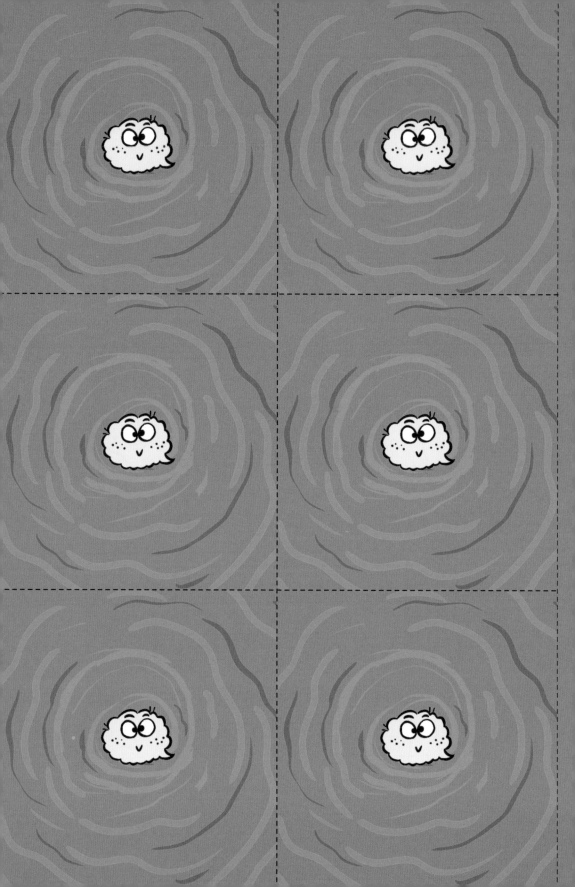

-10 淋浴时间超过 1 小时

-20 浪费食物

-100 丢垃圾时不分类

-10 使用一次性餐具

-10 使用塑料袋

-50 没有随手关电器

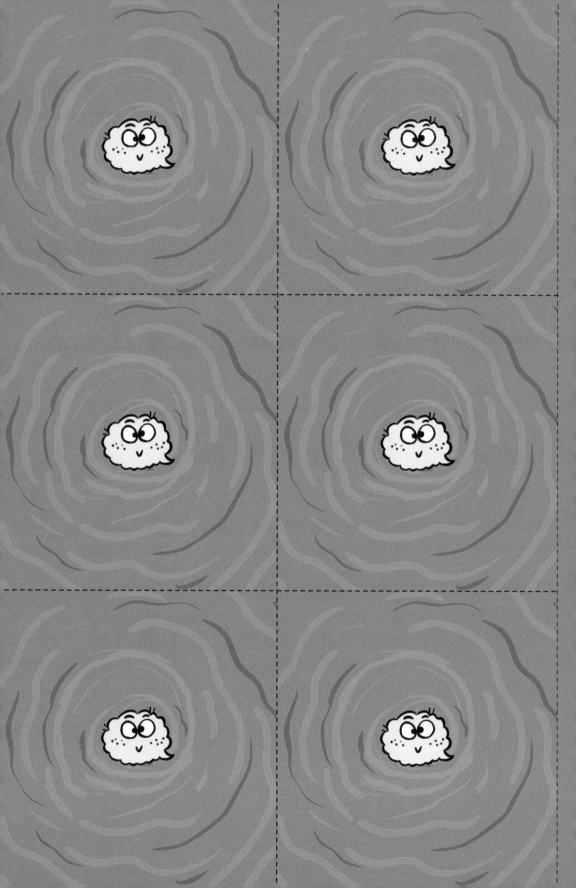

-20 购买过度包装
的商品

-10 喝瓶装饮料

-10 坐电梯

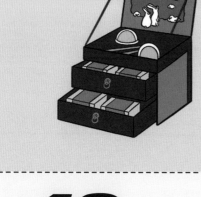

-20 玩电子产品
超过 1 小时

-100 坐私家车
出行

-50 洗手洗脸时
一直开着水龙头

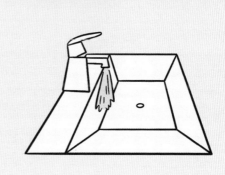

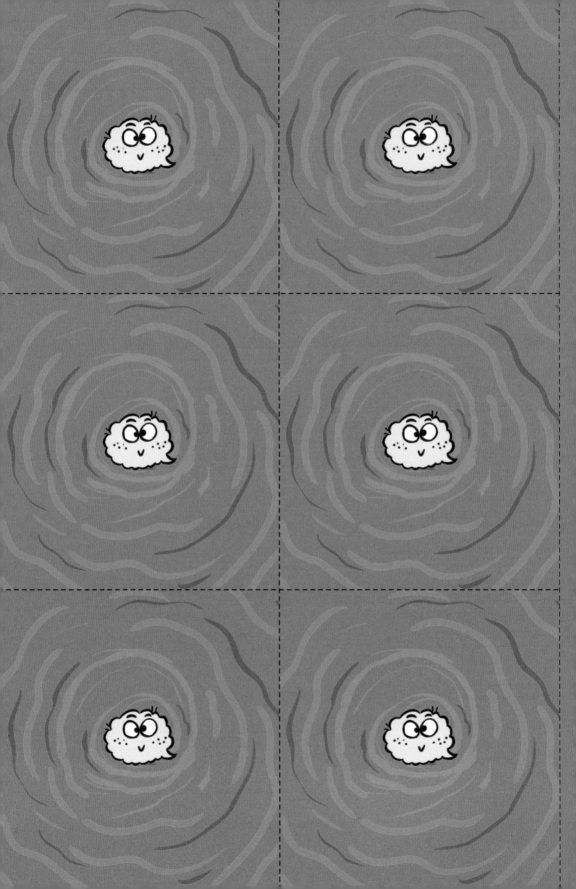

碳中和原来是这样！

节能减排大作战

孙倩倩 李宁 李怡 陈聃 著
陈聃 绘

天地出版社 | TIANDI PRESS

图书在版编目（CIP）数据

节能减排大作战 / 孙倩倩等著；陈聃绘. —成都：
天地出版社, 2023.1（2024.6重印）
（碳中和原来是这样！）
ISBN 978-7-5455-7305-3

Ⅰ.①节… Ⅱ.①孙… ②陈… Ⅲ.①节能减排- 儿
童读物 Ⅳ.①F403.3-49

中国版本图书馆CIP数据核字（2022）第210296号

JIENENG JIANPAI DA ZUOZHAN

节能减排大作战

出品人	杨 政
著 者	孙倩倩 李 宁 李 怡 陈 聃
绘 者	陈 聃
总 策 划	陈 德
特约策划	张国辰 孙 倩
责任编辑	王 倩 刘静静
特约编辑	冉卓昇
美术编辑	苏 玥 周才琳
科学顾问	刘晓曼
营销编辑	魏 武
责任印制	刘 元

出版发行 天地出版社
（成都市锦江区三色路238号 邮政编码：610023）
（北京市方庄芳群园3区3号 邮政编码：100078）
网 址 http://www.tiandiph.com
电子邮箱 tianditg@163.com
经 销 新华文轩出版传媒股份有限公司

印 刷 河北尚唐印刷包装有限公司
版 次 2023年1月第1版
印 次 2024年6月第3次印刷
开 本 710mm×1000mm 1/16
印 张 5.5
字 数 64千字
定 价 30.00元
书 号 ISBN 978-7-5455-7305-3

人物介绍

儿子

对什么事都喜欢问一句"为什么"的小学五年级学生。为了了解二氧化碳对地球的影响，与爸爸一起穿越到过去，探索二氧化碳的过往。

爸爸

脑袋里装满知识的气候学家。使用时空胶囊，带领儿子穿越到地球历史上的各个时期。

二氧化碳

对地球气候有着重要影响的气体，在地球形成后不久就存在于地球上了。在大气中的浓度起起伏伏，使地球的气候也时冷时暖。近年来由于人类活动，大气中的二氧化碳变得越来越多，导致地球出现严重的环境问题。

目录

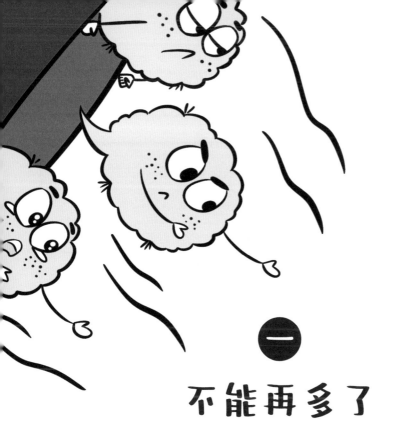

一

不能再多了

　　要想缓解全球气候变暖，控制温室气体排放十分关键。温室气体的排放量，也叫碳排放量。这是因为二氧化碳是温室气体的主要成分。人们为了方便统计，就把其他温室气体排放量都折算成二氧化碳当量了。

　　对此，人们制定了一个目标——通过植树造林、节能减排等方式，力争让碳排放量和碳吸收量相抵消。这就是碳中和。

碳达峰与碳中和

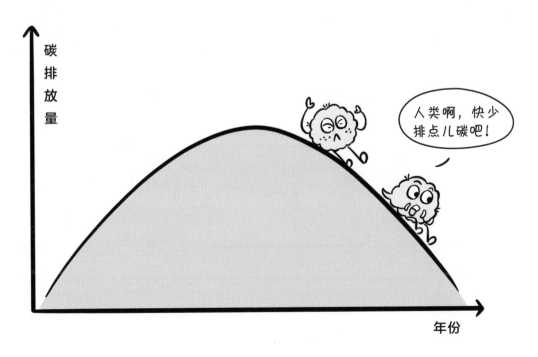

英国：起步早，多收税。
率先出台严格的法规，限制煤炭等化石能源的使用。

日本：发展高科技，使用清洁的氢能。

美国：使用清洁能源——页岩气。

页岩气因为燃烧火焰为蓝色，又被称为"蓝金"。

丹麦：利用风能等可再生资源。

13

1 碳中和的目标——实现以二氧化碳为主的温室气体"零排放"。为了实现碳中和，我们需要一方面大幅度降低能源、工业、交通、建筑等部门的碳排放量，另一方面通过负碳技术将不得不排放的碳吸收掉，使人为碳排放与人为碳吸收相平衡。

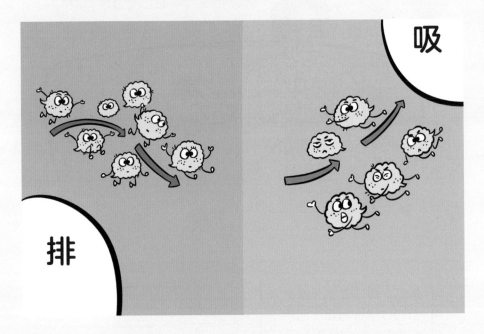

2 在 2015 年达成的《巴黎气候变化协定》中，首次提出全球碳中和目标。截至目前，全球已有超过 120 个国家和地区提出了自己的碳中和达成路线。

3 根据联合国政府间气候变化专门委员会（IPCC）的报告，全球需要在 2050 年前后达到碳中和，才能实现控制全球升温不超过 1.5℃ 的目标；在 2070 年前后达到碳中和，才能实现控制全球升温不超过 2℃ 的目标。

④ 目前，中国主要以碳排放量高的化石能源作为主要能源。2019 年中国化石能源的消耗量约占总能源消耗量的 84%，与全球平均水平相当。美国的化石能源消耗量占比略低，约为 83%。日本的这一数值则较高，约为 87%。而在欧盟，这一数值约为 72%。

⑤ 化石能源包括石油、天然气、煤炭。在同等质量下，煤炭燃烧产生的二氧化碳最多，其次是石油，最后是天然气。

但由于我国"富煤缺油少气"，所用的化石能源中，煤炭占比最大。2021 年我国煤炭的消耗量约占总化石能源消耗量的 64%。2018 年，我国煤炭、石油、天然气燃烧产生的碳排放量分别约占总量的 80%、14% 和 6%。煤炭仍是我国最主要的化石能源，以及最主要的碳排放源。

⑥ 部分发达国家降低碳排放的行动：

● **日本：大力发展氢能**

日本从 1973 年起就开始大力发展氢能，将氢能列为"与电力和热能并列的核心二次能源"。日本还提出建设"氢能社会"远景，致力于在家庭、工业、交通甚至全社会领域应用氢能。

● **美国：优化能源结构**

美国从 20 世纪 60 年代就开始能源转型，以化石能源里碳排放量较低的石油和天然气取代碳排放量高的煤炭。这也与美国的化石能源自然储备有关，美国的石油、天然气自然储备量均在世界前列。

同时，美国还大力发展可再生能源。2019 年，美国的可再生能源使用比例超过了煤炭，仅次于石油和天然气，成为第三大能源。

● **丹麦：发展风能发电**

丹麦是全球最早发展风能发电的国家。丹麦地势低平，而且终年受西风带影响，风能资源丰富。得天独厚的天然资源使丹麦成为当今世界上的风能工业大国。目前，丹麦的风能发电量已经占到全国总发电量的一半。

● **英国：低碳观念走在世界前列**

英国是全球第一个提出发展低碳经济的国家。2003 年，英国颁布了能源白皮书《我们能源的未来：创建低碳经济》。当时，全球绝大部分人还没有意识到气候变化将会带来的危害，也没有人将其与人类活动导致的温室气体排放量激增联系起来。

英国也是全球第一个为应对气候变化进行立法的国家。2008 年，英国通过《气候变化法案》，把减排指标写进法案中。

在低碳发展方面，英国一直走在世界前列。英国政府自 2013 年开始针对碳排放征收碳税，并逐年上涨碳税，这一举措导致煤炭的使用成本猛增，从而促使煤炭使用量下降。2015 年，英国还提出截至 2025 年，要关闭国内所有燃煤电厂，足见其"脱煤"的决心之大。

7 与煤炭、石油相比，页岩气较为清洁。页岩气的主要成分为甲烷，燃烧后也会排碳，但在产能相同的情况下，页岩气比石油、煤炭产生的碳排放量小，产生的污染物也明显较少。

二

原来这也会排碳？

在我们的日常生活中，碳排放无时无刻不在发生。衣服的加工和销售，食物的处理和烹饪，汽车的制造和驱动，房屋的建设和使用……一切人造物品在生命周期内的各个环节，例如原料获取、加工制作、交通运输、用户使用，甚至是回收利用阶段，都伴随着不同程度的碳排放。

生活中的碳排放

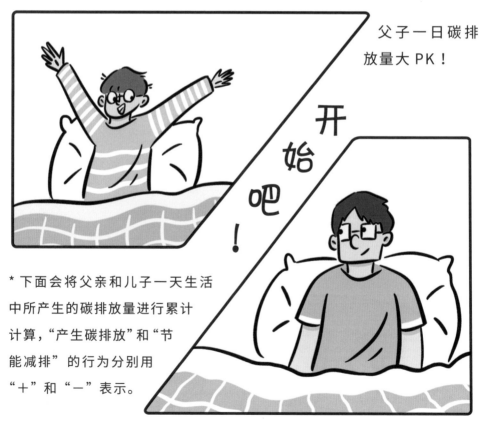

父子一日碳排放量大PK！

开始吧！

* 下面会将父亲和儿子一天生活中所产生的碳排放量进行累计计算，"产生碳排放"和"节能减排"的行为分别用"＋"和"－"表示。

* 以下仅为粗略统计。因部分物品的碳排放量很难精确到一天，因此统计其生命周期内产生的排放量总额。

一管160克的牙膏约排放0.04千克二氧化碳当量。

一个20克的塑料杯约排放0.29千克二氧化碳当量。

+0.33 累计约 0.33 千克二氧化碳当量

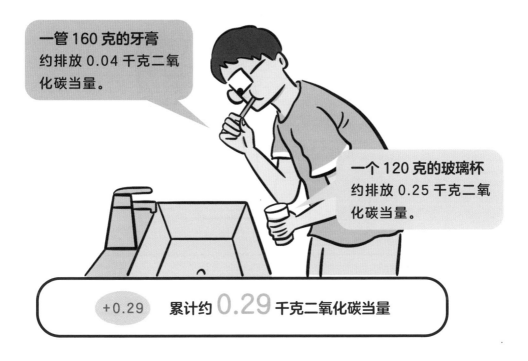

一管160克的牙膏约排放0.04千克二氧化碳当量。

一个120克的玻璃杯约排放0.25千克二氧化碳当量。

+0.29 累计约 0.29 千克二氧化碳当量

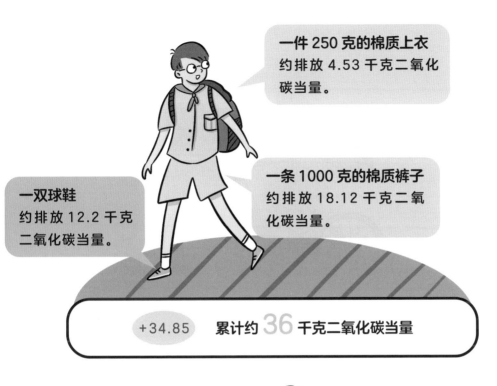

骑自行车出行10千米约减排1.4千克二氧化碳当量。

-1.4 累计约 **34.6** 千克二氧化碳当量

乘燃油公交车出行10千米约排放1千克二氧化碳当量。

+1 累计约 **45.61** 千克二氧化碳当量

坐在教室里认真上课，没有产生碳排放。

+0   累计约 34.6 千克二氧化碳当量

一台笔记本
约排放 448.44 千克二氧化碳当量。

+448.44   累计约 494.05 千克二氧化碳当量

26

消耗 1 度电（燃煤发电）约排放 0.93 千克二氧化碳当量。

+0.93　累计约 **50.16** 千克二氧化碳当量

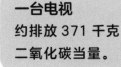

一台电视约排放 371 千克二氧化碳当量。

消耗 2 度电（燃煤发电）约排放 1.86 千克二氧化碳当量。

一个布艺沙发约排放 104 千克二氧化碳当量。

+476.86　累计约 **973.46** 千克二氧化碳当量

你知道吗？个人的饮食习惯也会影响碳排放量。

1 研究数据表明，生产每千克牛肉产生的温室气体排放量大约是相同重量鸡肉的 3 倍、猪肉的 7 倍、豆子的 40 倍。

2 在饮食方面，一般人一年大约产生 2.5 吨碳排放量，喜欢吃肉的人一年大约产生 3.3 吨碳排放量。

3 在饮食方面，不吃牛肉的人一年大约产生 1.9 吨碳排放量，而纯素食的人一年大约只产生 1.5 吨碳排放量。

三

"瘦身" 大作战

　　为了降低碳排放，给二氧化碳"瘦身"，我们需要减少化石能源的使用，更多地使用零碳绿色能源。我们还可以利用负碳技术增强人为碳吸收，例如，把排放出去的二氧化碳重新封存到地下，或者想办法利用起来。这些都是实现碳中和的有效手段。

34

①提高化石能源的利用效率。

用更少的化石能源，产生更多的能量，就相当于通过减少化石能源的使用量，来减少碳排放量。

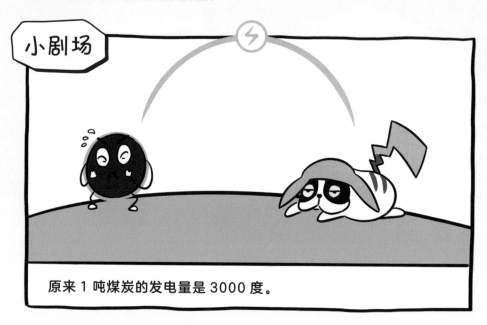

原来 1 吨煤炭的发电量是 3000 度。

经过改造后，1 吨煤炭的发电量可以达到 3500 度。

②使用节能电器。

电器的瓦数指的是耗电功率，瓦数越低，电器越省电。例如，LED
灯泡比传统的钨丝灯泡瓦数更低，不仅省电，而且更亮了。

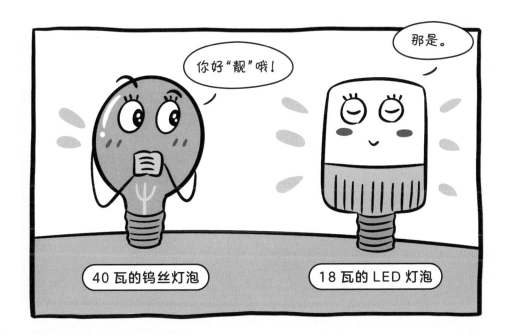

③少用化石能源，发展太阳能、风能等新能源。

人类大量使用化石能源，是导致大气中二氧化碳浓度猛增的主要原因。

负碳技术

将大气中的二氧化碳捕集并封存起来的技术。碳移除分为自然方式和人工技术。

自然方式：促进植物生长

大自然具有吸收二氧化碳的能力，通过保护、促进陆地和海洋植物的生长，来吸收大气中的二氧化碳，并在森林、土壤或湿地中将其储存起来。

草原

海洋

海藻

南美洲的亚马孙雨林被称为"地球之肺"，然而由于人类的大量砍伐，亚马孙雨林面积正在迅速减少。仅 2020 年至 2021 年一年的时间里，亚马孙雨林就减少了相当于两个上海市的面积。

人工技术：直接移除碳或加速碳储存

利用人工手段将二氧化碳从排放源中分离，然后加以利用或封存，以实现碳减排。

捕集： 在二氧化碳排放时将它们"抓"起来。

利用：把捕集到的二氧化碳合成工业原料，让它们物尽其用。

机械铸造业

金属冶炼业

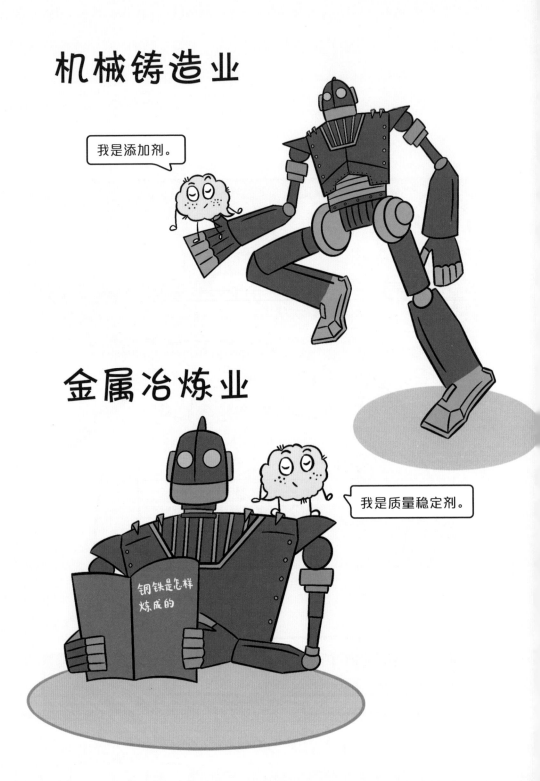

陶瓷制造业

消防产业

另外，二氧化碳可以用来制造干冰，用于制冷；还可以用来制造尿素，充当肥料或工业原料；等等。

封存：将捕集到的二氧化碳打入地下，封存起来，在世界各地的地底给二氧化碳"安家"。

妈妈，原来海底也可以放风筝呀！

废弃的石油田、天然气田，难开采的煤层，地下盐水层等，也是封存二氧化碳的合适位置。

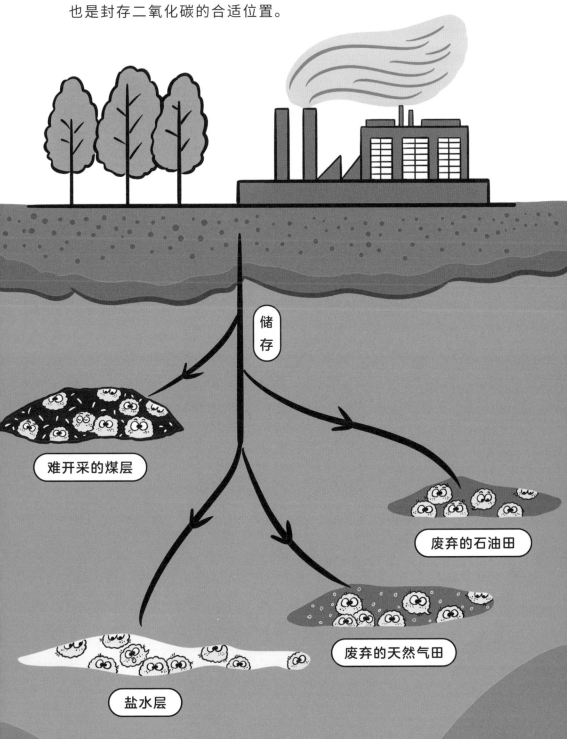

储存

难开采的煤层

废弃的石油田

废弃的天然气田

盐水层

能源的新选择

终于够到了！

可再生资源

太阳能：太阳是个拥有巨大能量的恒星，它一秒钟到达地球的能量相当于全人类两小时所耗的能量。

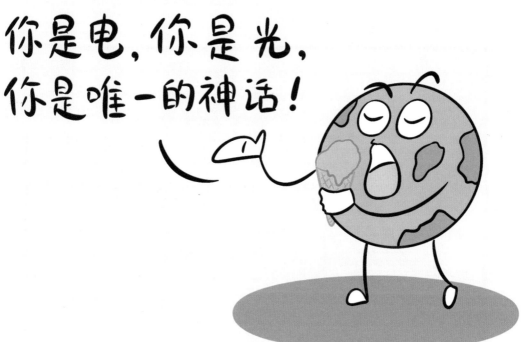

目前，人类主要是将太阳的光能和热能转化为电能，也就是我们所说的太阳能发电。

太阳能有很多优点。

应用范围广：从农村到城市，从地球到太空，都可以使用太阳能。

在电线塔修建难度高的偏远山区，太阳能板可以更便捷地提供电力。

①太阳光照不是时时都很充足。

②太阳光照也不是处处都很充足。

风能：空气流动形成的动能，是最早被人类利用的自然力。我们现在主要利用风力发电机将风能转化为电能。

全球可利用的风能是可利用的水能总量的 10 倍以上。风能的大小取决于风速和空气密度，沿海风速普遍高于内陆。

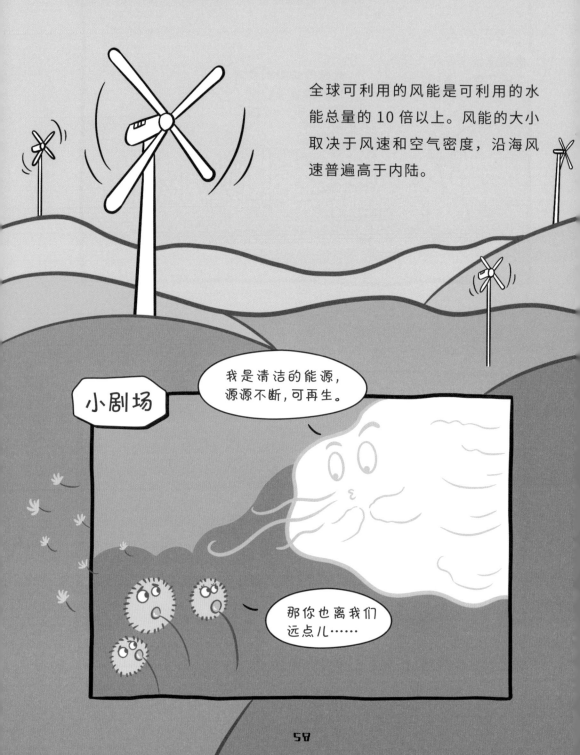

小剧场

我是清洁的能源，源源不断，可再生。

那你也离我们远点儿……

风能也存在弊端。

①风的强度和方向无法被准确预测。

②风力发电机占地面积大。

③风能资源分布不均。有的地方风太大。

有的地方则……

生物质能：一种变"废"为宝的能源，是由微生物、植物，以及动物的废弃物转化成的能源。

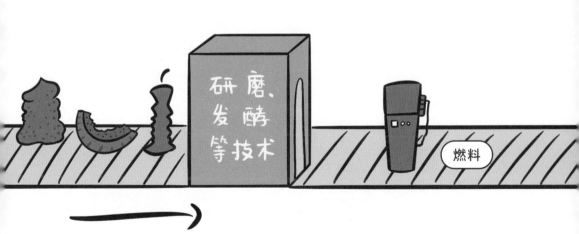

植物通过光合作用，将太阳能以有机化合物的形式储存起来。

自然界的生物直接或间接地从植物中获取有机化合物，以及有机化合物中的能量。它们的废弃物可以通过燃烧，将里面的能量以热能的形式释放出来。

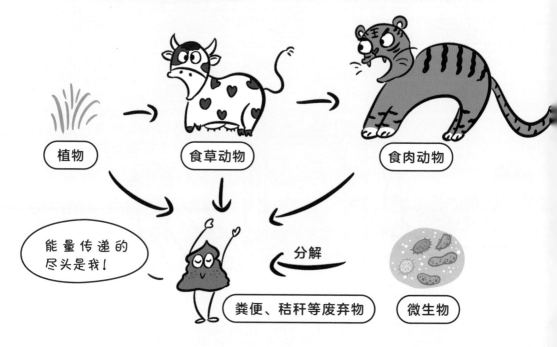

"垃圾英雄"，优点多多。

①可再生

②含硫量低

③环保、清洁

④分布广泛
除了生活垃圾，
农业、林业、畜
牧业、工业的有
机废物，都可以
作为生物质能。

⑤应用领域广
生物质能可以转
化为燃气、生物
柴油、沼气、乙
醇等。

生物质能也有缺点，例如不耐烧，单位发热量低等。

氢能：氢由水电解而来，燃烧后又会变成水。氢能被誉为世界上最干净的能源。

氢能的能量大，同样质量的氢燃烧产生的热量是汽油的 3 倍。因此，以氢能为动力的车不仅环保，而且动力更强。

一款紧凑级轿车的 3 个版本：

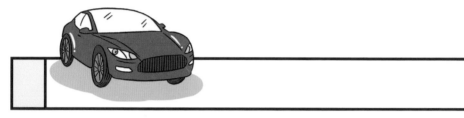

纯电动版消耗 1 千克电池的电量 　　　　　**行驶 2 千米**

燃油版消耗 1 千克汽油 　　　　　**行驶 20 千米**

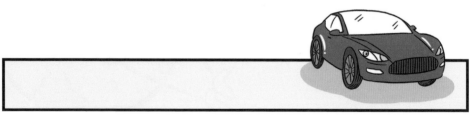

燃氢版消耗 1 千克氢气 　　　　　**行驶 100 千米**

不过氢能车造价较高，因为它的核心材料之一，是价格昂贵且稀有的铂催化剂电极。

① 位于南美洲的亚马孙雨林是世界上最大的热带雨林，占地球雨林总面积的一半，全球森林总面积的 20%。亚马孙雨林拥有"地球之肺"之称，每年能够消化 20 亿吨二氧化碳，还能释放大量氧气。但在过去的 50 年间，随着人为砍伐量的持续增加，亚马孙雨林的面积不断缩小。

② 二氧化碳的密度会随着注入深度的增加而增大。地面上体积为 1000 立方米的二氧化碳，在到达距地表 2000 米深度时，体积会锐减至 2.7 立方米。这种特性使二氧化碳的规模化地质封存具有很大的潜力和可行性。

③ 二氧化碳灭火剂的原理是：空气中的氧气是助燃物，而二氧化碳不助燃、不可燃，并且密度比空气大。将压缩为液态的二氧化碳覆盖在起火点隔绝空气，就可以达到灭火的效果。

四

碳交易市场

和我们常逛的菜市场一样，碳交易市场的作用也是进行商品买卖。只不过，这里交易的不是水果蔬菜，而是碳排放额度，也就是企业被允许排放的温室气体量。

碳交易市场设立的目的，就是以市场化手段促使企业减少碳排放，以此来应对气候变化。

这里是碳交易市场，企业都在这里买卖排放二氧化碳的额度。

这是哪儿啊？

国家会给企业设定碳排放额度，如果企业的碳排放量超过额度，就要为多排的部分付费；如果低于额度，那剩余的额度就可以卖钱。国家以此来促使企业少用化石燃料，多用新能源。

排放的额度？

一年后……

例如，1 吨标准煤燃烧后大约产生 2.7 吨碳排放量。

如果一个企业一年用了 2 吨煤，那么就可以大致计算出这个企业一年产生了 5.4 吨碳排放量。以此类推，就可以知道一个企业一年产生了多少碳排放量。

碳价

碳排放额度虽然有市场定价，但也会根据供需关系浮动。卖的人多了，碳排放额度就便宜点儿；买的人多了，价钱就上去了。跟你去菜市场买东西是一个道理。

这碳价怎么高高低低的啊？

1 碳交易市场最初的雏形设计和规则制定，出现于 2005 年通过的《京都议定书》。目前，全球已有 33 个独立运行的不同级别的碳交易市场，其交易的碳排放量覆盖了全球碳排放总量的 22%。

2 全球第一个碳交易市场是欧盟的碳交易市场，也是迄今为止运营最成功的碳交易市场。

中国的全国碳交易市场于 2021 年正式启动上线交易，目前只纳入了年度碳排放量在 2.6 万吨以上的电力企业，但已成为全球第一大碳交易市场。未来，中国的碳交易市场还会纳入钢铁、建材、有色金属、石化、造纸、航空等高排放行业。

我一天的碳积分

如果你有以下行为，则记上相应的碳积分。
记一记，你一天的碳积分有多少吧。碳积分越多越好哦。

外出自带水杯	20 碳积分 / 次
外出购物自带环保袋，不用塑料袋	20 碳积分 / 次
洗完的衣服自然晾干	10 碳积分 / 次
随手关电器，如电灯、空调等	10 碳积分 / 次
出门用餐随身携带餐具，不用一次性餐具	30 碳积分 / 次
将未用完的纸张装订起来重新使用	30 碳积分 / 次
买环保的洗涤用品，如洗洁精、洗衣液等	10 碳积分 / 次
上楼时不坐电梯走楼梯	50 碳积分 / 次
购买二手商品，如玩具、课外读物等	30 碳积分 / 次
卖出家中的闲置物品	50 碳积分 / 次
节约粮食，不剩饭菜	30 碳积分 / 次
乘坐地铁、公交车出行	20 碳积分 / 次
骑自行车出行	50 碳积分 / 次
垃圾分类	100 碳积分 / 次
洗手、洗脸时一直开着水龙头	－ 50 碳积分 / 次
淋浴时间超过 1 小时	－ 50 碳积分 / 次
浪费食物	－ 50 碳积分 / 次
丢垃圾时不分类	－ 20 碳积分 / 次
使用一次性餐具	－ 20 碳积分 / 次
使用塑料袋	－ 10 碳积分 / 个
喝瓶装饮料	－ 10 碳积分 / 瓶
购买过度包装的商品	－ 50 碳积分 / 次
坐电梯	－ 50 碳积分 / 次
没有随手关电器，如电灯、空调等	－ 100 碳积分 / 次
坐私家车出行	－ 100 碳积分 / 次

我的名字是 _____ ，我今天的碳积分为 _____ 。

碳中和原来是这样！

气候变暖的罪魁祸首

孙倩倩 李宁 李怡 陈聃 著

陈聃 绘

天地出版社 | TIANDI PRESS

图书在版编目（CIP）数据

气候变暖的罪魁祸首 / 孙倩倩等著；陈聃绘. —
成都：天地出版社, 2023.1（2024.6重印）
（碳中和原来是这样！）
ISBN 978-7-5455-7302-2

Ⅰ.①气… Ⅱ.①孙…②陈… Ⅲ.①全球气候变暖
- 儿童读物 Ⅳ.①P461-49

中国版本图书馆CIP数据核字（2022）第210294号

QIHOU BIAN NUAN DE ZUIKUI HUOSHOU

气候变暖的罪魁祸首

出 品 人	杨 政
著 者	孙倩倩 李 宁 李 怡 陈 聃
绘 者	陈 聃
总 策 划	陈 德
特约策划	张国辰 孙 倩
责任编辑	王 倩 刘静静
特约编辑	冉卓昇
美术编辑	苏 玥 周才琳
科学顾问	刘晓曼
营销编辑	魏 武
责任印制	刘 元

出版发行	天地出版社
	（成都市锦江区三色路238号 邮政编码：610023）
	（北京市方庄芳群园3区3号 邮政编码：100078）
网 址	http://www.tiandiph.com
电子邮箱	tianditg@163.com
经 销	新华文轩出版传媒股份有限公司

印 刷	河北尚唐印刷包装有限公司
版 次	2023年1月第1版
印 次	2024年6月第3次印刷
开 本	710mm×1000mm 1/16
印 张	4.5
字 数	53千字
定 价	30.00元
书 号	ISBN 978-7-5455-7302-2

人物介绍

儿子

对什么事都喜欢问一句"为什么"的小学五年级学生。为了了解二氧化碳对地球的影响，与爸爸一起穿越到过去，探索二氧化碳的过往。

爸爸

脑袋里装满知识的气候学家。使用时空胶囊，带领儿子穿越到地球历史上的各个时期。

二氧化碳

对地球气候有着重要影响的气体，在地球形成后不久就存在于地球上了。在大气中的浓度起起伏伏，使地球的气候也时冷时暖。近年来由于人类活动，大气中的二氧化碳变得越来越多，导致地球出现严重的环境问题。

目录

膨胀的代价

　　在地球历史上，大气中二氧化碳浓度增加曾是多次生物大灭绝的重要原因。现在，随着人类社会的发展，二氧化碳的排放量不断增加，导致全球气温升高、灾害频发。

二氧化碳的威力

死亡清单

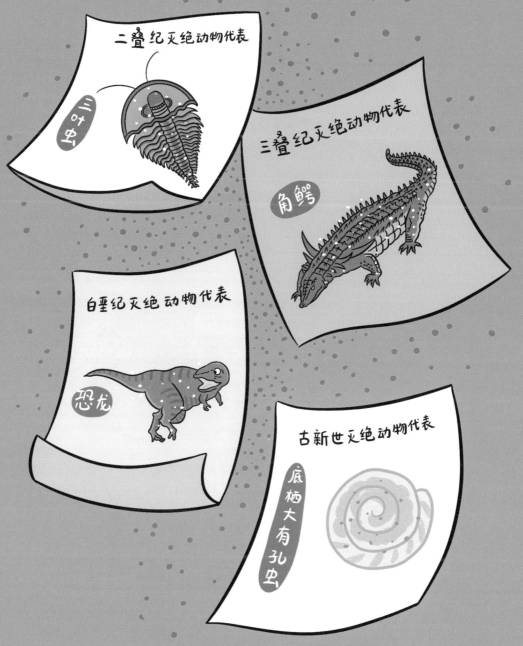

二叠纪灭绝动物代表

三叶虫

三叠纪灭绝动物代表

角鳄

白垩纪灭绝动物代表

恐龙

古新世灭绝动物代表

底栖大有孔虫

大气中二氧化碳浓度升高，全球气温也随之升高，这会导致海水酸化，冻土融化，以及其他一系列环境变化。陆地和海洋环境将变得不再适宜生物生存，致使物种大量灭绝。

等到气温升高，冻土融化，封在冻土层的甲烷被释放之后……

等等！几百万年前大气里的二氧化碳浓度，现代人是怎么测到的呢？那时候又没有人，也没有监测仪器。

其实这个浓度不是实时监测到的，而是推测出来的。秘诀就藏在动植物体内。

植物通过光合作用吸收二氧化碳，经过一系列的转化，部分碳元素会留存在植物体内。动物直接或间接以植物为食，获取的碳元素一部分也储存在体内。

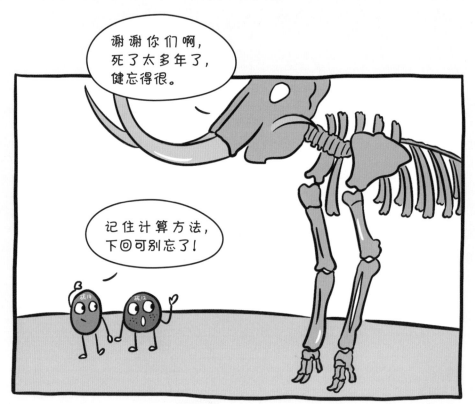

现在大气里的二氧化碳到底是个什么情况？

现在它的浓度已经达到了至少200万年以来的最高值，这导致了严重的温室效应。近50年成为过去2000年以来最暖的50年，如果不加以控制，到21世纪末，全球将继续升温3℃~4℃。

3℃~4℃听起来也不多啊，一天的昼夜温差都能达到10℃呢！

我说的可是全球全年的平均气温，它的波动在正常情况下应该是非常小的，就好比我们的体温是基本稳定的，如果升温太多，我们就会发烧。比起工业革命之前，地球现在的平均气温才升高了大约1℃，你回想一下，这几年发生了多少极端天气事件。

全球平均气温升高，会导致极地冰川融化，还会引发大规模森林火灾，使生物的生存环境受到破坏。

高温干旱天气还会诱发另外一种灾害——蝗灾。

科学家们预计，如果我们继续不加节制地排放二氧化碳，可能几十年后，大气中二氧化碳的浓度就能达到恐龙时代的水平了。但是没有人能确定这意味着什么、最坏的结果是什么，也没有人知道会在哪一天发生，这才是最可怕的。

我们的结局会跟恐龙一样吗？

引发温室效应的温室气体是一个大家族，可不是只有二氧化碳。这样吧，我带你去微观世界了解一下。

都怪二氧化碳！

17

爸爸，我们这是要去哪里啊？

等下你就知道了。

1 地球历史上，有多次生物灭绝事件与二氧化碳浓度升高有关，例如：

● **二叠纪灭绝事件**

距今约 2.5 亿年前的二叠纪末期，地球上发生了超级火山爆发，巨量的二氧化碳被排放到大气中，引发了地球生物史上最严重的大灭绝事件。

据估计，在此期间，地球上有 96%~97% 的物种灭绝。三叶虫、海蝎、板足鲎（hòu），以及重要珊瑚类群全部消失。顶级捕食者丽齿兽，以及二齿兽、麝（shè）足兽、前缺齿兽等大型食草动物都灭绝了。

● **三叠纪灭绝事件**

大约 1.9 亿年前的三叠纪末期，大规模火山运动排放出大量二氧化碳，引发剧烈的气候变化，导致生物大灭绝。大约有 76% 的物种在这次灭绝中消失，鳄类动物遭到重创，波斯特鳄、灵鳄、楔形鳄、狂齿鳄、角鳄就此灭绝。

● **白垩纪灭绝事件**

大约 6500 万年前的白垩纪末期，一颗小行星撞击地球，引发全球性的环境变化。大气中二氧化碳浓度激增，地球上大量物种灭绝，包括恐龙在内的大部分动植物都消失了。长达 1.6 亿年之久的恐龙时代就此终结。

● **古新世极热事件**

大约 5500 万年前的古新世，火山喷发使大气中二氧化碳浓度增加，地球气温升高，海底封存的甲烷大量释放，进一步导致地球快速升温。这次事件对海洋生物影响较大，海洋中的底栖大有孔虫灭绝。

● **全新世灭绝事件**

大约 1.17 万年前，地球进入全新世。这一时期，特别是在工业革命以后，人类活动对地球环境造成了很大破坏，使许多地球生物走向灭绝。仅在 20 世纪，就有 110 个种和亚种的哺乳动物灭绝，139 个种和亚种的鸟类消亡。

目前，世界上约有 593 种鸟类、400 种兽类、209 种两栖爬行动物和 2 万种高等植物濒临灭绝。人类过多燃烧化石燃料，导致二氧化碳排放量激增，引起全球气候变暖，是全新世生物灭绝的重要原因。

由于全球气候变暖，极端气候事件将会发生得更加频繁。在工业革命时期，50 年里可能会发生 1 次极端炎热气候事件。而在地球平均气温升高 1.2℃的情况下，极端炎热气候事件的发生可能会变成 10 年 1 次。如果我们不控制温室气体排放，放任地球继续升温，极端炎热气候事件的发生可能会接近 1 年 1 次。

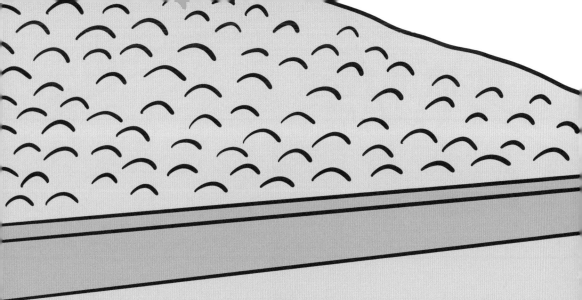

二

谁是罪魁祸首

　　工业革命以来，温室气体过量排放，已经对地球气候造成严重影响。目前，大气中二氧化碳的浓度还保持着加速上升的趋势。因此，地球对自己的未来无比忧虑，万般无奈之下，只得将温室气体家族告上了法庭。

原告席

被告席

地球的控诉

大家安静！现在开庭，请原告发言。

被告席

二氧化碳

小档案：

· 温室气体家族一把手；
· 长寿；
· 来源广，人类生产的大部分物品都曾经排放过或正在排放它；
· 地位高，二氧化碳当量是计算所有温室气体碳排放的基本单位。

二氧化碳一活就能活几百年！我好遭罪啊！

* 二氧化碳当量：用于比较不同温室气体对温室效应增强贡献的量度单位。

而且，人类工业化生产的绝大部分东西，在整个生命周期里几乎都会产生碳排放！

人从出生到死亡，就是一个生命周期。物品从生产到废弃的全过程，就是它的生命周期。这样讲可能太抽象，用你穿的衣服举例吧——

爸爸，什么是生命周期啊？

27

种植

制作衣服需要棉花等原材料，而种植它们则需要施肥。磷肥、氮肥等化肥在使用过程中，就会产生温室气体。农业机械的运行需要燃烧化石燃料，也会产生碳排放。

+1

+2

收获

用来收获棉花等制衣原材料的农业机械，同样需要使用化石燃料来驱动。在这一过程中，就会产生碳排放。

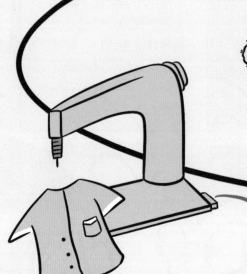

+3

生产

制作衣服的机械大多使用电力驱动，而发电主要靠燃烧煤炭，碳排放就产生了。

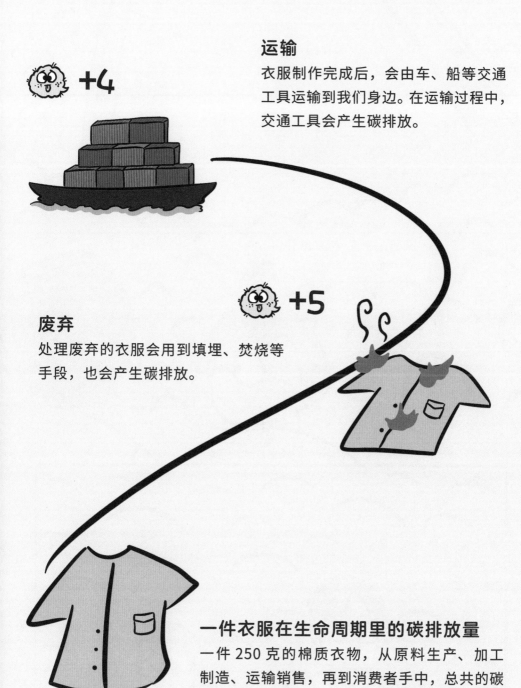

运输

衣服制作完成后，会由车、船等交通工具运输到我们身边。在运输过程中，交通工具会产生碳排放。

+4

+5

废弃

处理废弃的衣服会用到填埋、焚烧等手段，也会产生碳排放。

一件衣服在生命周期里的碳排放量

一件 250 克的棉质衣物，从原料生产、加工制造、运输销售，再到消费者手中，总共的碳排放量大约是 4.53 千克二氧化碳当量。衣物之后的命运，由于每个消费者使用习惯不同，就无法准确计算出它的碳排放量了。

比如，排放 1 吨甲烷产生的温室效应，在一百年的时间尺度上，相当于排放 28 吨二氧化碳产生的效应。那么，甲烷的增温潜势就是 28。

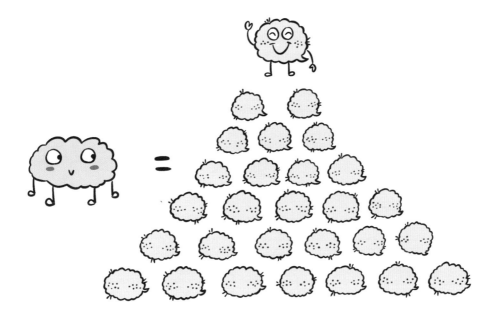

小剧场

被告席

甲烷

小档案：

· 温室气体家族二把手；
· 增温潜势是老大二氧化碳的 28 倍；
· 凭借牛发家的"短命鬼"。

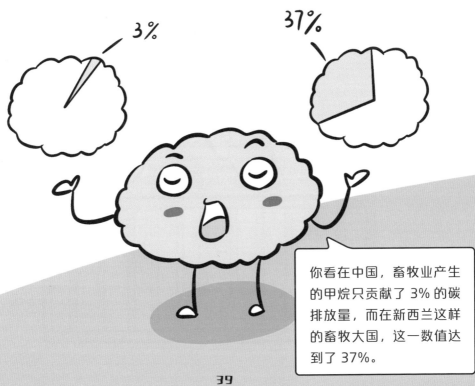

41

被告席

大家好呀!

一氧化二氮

· 以笑脸为伪装;
· 能让人发笑,被称为"笑气";
· 制暖高手,能破坏臭氧层;
· 从肥料中来,到空气中去。

一氧化二氮的增温潜势是273。排放1吨一氧化二氮产生的温室效应，相当于排放273吨二氧化碳产生的温室效应。它是《京都议定书》里排位第三的温室气体。

如果它溜到了大气的平流层，还会破坏地球生命的保护伞——臭氧层。臭氧层能大量吸收和过滤阳光中的紫外线。没有臭氧层的保护，太阳光里的紫外线会大量照射到地面上，对生物产生极大危害。

小剧场

到底要涂多少防晒霜，才能抵挡紫外线啊？

47

卤代温室气体

小档案：

- 种类繁多，特点不一；
- 纯人造气体，例如含氟气体；
- 看起来人畜无害，实则是隐藏的"刺客"。

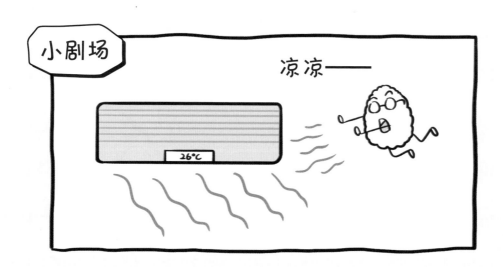

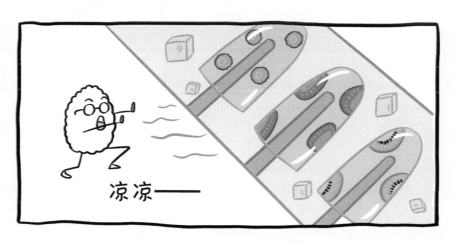

1 在影响气候变化的大气成分中，有长寿命温室气体和短寿命气候强迫因子。这里说的"寿命"，指的是它们在大气中存留的时间。

2 长寿命温室气体在大气中存留时间比较长，可以在大气中均匀混合。近 10 年来，长寿命温室气体对全球气候变暖的总体"贡献"最大。

3 短寿命气候强迫因子主要由硫酸盐、硝酸盐等气溶胶，以及甲烷、某些卤代化合物等化学反应性气体组成。虽然它们寿命短，但同样是会产生温室效应的污染物，对气候变化的影响不可小视。

4 各种温室气体对温室效应的贡献度不同，为了方便对比，需要一种能够比较不同温室气体对温室效应增强贡献的基本单位。又因为二氧化碳是人类排放最多的温室气体，所以人们将二氧化碳当量用作量度单位。

⑤ 自第一次工业革命以来，人类向大气中排放的温室气体逐年增加，导致全球气候变暖等一系列严重问题，从而引起了世界各国的关注。各国之间开始加强合作，共同解决气候问题。

● **1988 年，政府间气候变化专门委员会**

世界气象组织和联合国环境规划署于 1988 年联合成立了政府间气候变化专门委员会，简称 IPCC。IPCC 的主要作用是提供有关气候变化的科学认知和评估，为各国决策层及相关领域提供科学依据和数据。

● **1992 年 5 月，《联合国气候变化框架公约》**

《联合国气候变化框架公约》是世界上第一个为全面控制温室气体排放，以应对全球气候变暖给人类经济和社会带来不利影响的国际公约，全球几乎所有国家都签署了该公约。

● **1997 年 12 月，《京都议定书》**

1997 年 12 月，《联合国气候变化框架公约》的 149 个缔约方在日本京都召开气候变化大会，会上通过了《京都议定书》。这是一个关于限制发达国家温室气体排放量的国际协议，目标是"将大气中的温室气体含量稳定在一个适当的水平，进而防止剧烈的气候变化对人类造成伤害"。

● **2015 年 12 月，《巴黎气候变化协定》**

2015 年 12 月，在法国巴黎召开的联合国气候变化大会上诞生了《巴黎气候变化协定》。《巴黎气候变化协定》的目标是将 21 世纪末的气温升幅，限制在工业化前水平的 1.5℃ 以内。各缔约方还分别设立了各自的减排目标和任务，也就是"国家自主贡献"。

● **2021 年 5 月，《国家自主贡献综合报告》**

2021 年 5 月，《联合国气候变化框架公约》第 26 次缔约方会议在英国格拉斯哥举办。会议发布了《国家自主贡献综合报告》，梳理了各国的碳排放控制承诺与全球控制升温目标之间的差距。

碳中和游戏棋

工具　地图、棋子、骰子（随书附赠）。

人数　建议 2 人。

规则　各方的棋子需要在起点等待。各方轮流投掷骰子，只有掷到 6 才能启动，并且获得再一次投掷机会，按照掷到的骰子点数进行移动。没有掷到 6 的玩家的棋子继续待在起点，等待下一轮投掷。

棋子按照掷到的骰子点数移动后，如果棋子所停留的棋格有提示，则需要按照提示进行操作。

最先到达终点的即为赢家。如果所掷到的骰子点数多于到终点的格数，则按照多出来的数，从终点往后退，下一轮继续前进，直至棋子正好到达终点。

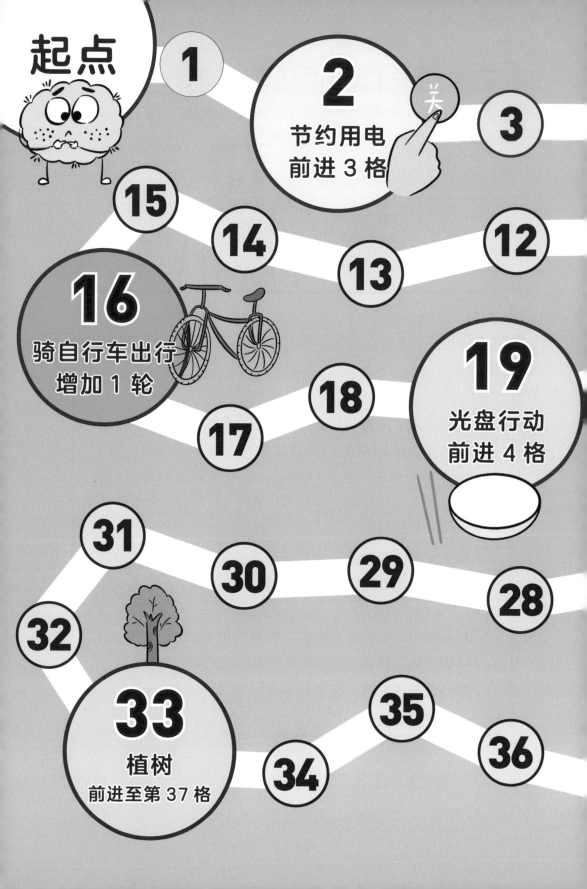

棋子 & 骰子

* 沿实线剪下，沿虚线折叠后粘贴。